枯竭油气藏型储气库开发建设系列丛书

U0809396

设计案例：文 96 储气库

刘中云 编著

中国石化出版社

图书在版编目(CIP)数据

设计案例. 文96储气库 / 刘中云编著. — 北京 : 中国石化出版社, 2021. 6

ISBN 978-7-5114-6127-8

Ⅰ. ①设… Ⅱ. ①刘… Ⅲ. ①油气藏-地下储气库-设计-案例 Ⅳ. ①TE972

中国版本图书馆CIP数据核字(2021)第094886号

中国石化出版社出版发行

地址:北京市东城区安定门外大街58号

邮编:100011　电话:(010)57512500

发行部电话:(010)57512575

http://www.sinopec-press.com

E-mail:press@sinopec.com

北京科信印刷有限公司印刷

*

787×1092毫米 16开本 13.25印张 330千字

2022年1月第1版　2022年1月第1次印刷

定价:98.00元

序

我国天然气行业快速发展，天然气消费持续快速增长，在国家能源体系中的重要性不断提高。但与之配套的储气基础设施建设相对滞后，储气能力大幅低于全球平均水平，成为天然气安全平稳供应和行业健康发展的短板。

中国石化持续推进地下储气库及配套管网建设，通过文96储气库、文23储气库、金坛储气库、天津LNG接收站、山东LNG接收站、榆林—济南输气管道、鄂安沧管道以及山东管网建设，形成了贯穿华北地区的“海陆气源互通、南北管道互联、储备设施完善”的供气格局，为保障华北地区的天然气供应和缓解华北地区的冬季用气紧张局面、改善环境空气质量发挥了重要作用。

目前，国内地下储气库建设已经进入高峰期，中国石化围绕天然气产区和进口通道，计划重点打造中原、江汉、胜利等地下储气库群，形成与我国消费需求相适应的储气能力，以保障天然气的长期稳定供应，解决国内天然气季节性供需矛盾。

通过不断的科研攻关和工程建设实践，中国石化在储气库领域积累了丰富的理论和实践经验。本次编写的《枯竭油气藏型储气库开发建设系列丛书》即以中原文96储气库、文23储气库地面工程建设理论和实践经验为基础编著而成，旨在为相关从业人员提供有益的参考和帮助。

希望该丛书的编者能够继续不断钻研和不断总结，希望广大读者能够从该丛书中获得有益的帮助，不断推进我国储气库建设理论和技术的发展。

中国工程院院士

前　言

地下储气库是天然气产业中重要的组成部分，储气库建设在世界能源保障体系中不可或缺，尤其在天气变冷、极端天气、突发事件以及战略储备中发挥着不可替代的作用，对天然气的安全平稳供应至关重要。

近年来，我国天然气消费量连年攀升，但储气库调峰能力仅占天然气消费量的3%左右，远低于12%的世界平均水平，由于储气库建设能力严重不足，导致夏季压产及冬季压减用户用气量，甚至部分地区还会出现“气荒”，因此加快储气库建设已成业界共识。

利用枯竭气藏改建储气库，在国际上已有100多年的发展历史。这类储气库具有储气规模大、安全系数高的显著特点，可用于平衡冬季和夏季用气峰谷差，应对突发供气紧张，保障民生用气。国外枯竭气藏普遍构造简单，储层渗透率高，且埋藏深度小于1500m。我国枯竭气藏地质条件复杂，主体为复杂断块气藏，构造破碎、储层低渗、非均质性强、流体复杂、埋藏深，这些不利因素给储气库建设带来巨大挑战。

我国从1998年就已经开始筹建地下储气库，20多年来已建成27座储气库，形成了我国储气设施的骨干架构，储气库总调峰能力约 $120\times10^8m^3$，日调峰能力达 $1\times10^8m^3$，虽在一定程度、一定区域发挥了重要作用，但仍然无法满足日益剧增的天然气消费需求。

据预测，2021年和2025年全国天然气调峰量约为$360\times10^8m^3$和$450\times10^8m^3$，现有的储气库规划仍存在较大调峰缺口。季节用气波动大，一些城市用气波峰波谷差距大，与资源市场距离远，管道长度甚至超过4000km，进口气量比例高，等等。这些都对储气库建设提出了迫切要求。

中石化中原石油工程设计有限公司(原中原石油勘探局勘察设计研究院)是中国石化系统内最早进行天然气地面工程设计和研究的院所之一，40年来在天然气集输、长输、深度处理和储存等领域积累了丰富的工程和技术经验，尤其在近10年，承担了中国石化7座大型储气库——文96、文23、卫11、文13西、白9、清溪、孤家子的建设工程，在枯竭油气藏型储气库地面工程建设领域形成了完整、成熟的技术体系。

本丛书是笔者在中国石化工作期间，在主要负责中国石化储气库规划和文23储气库开发建设的工作过程中，基于从事油气田开发研究30多年来在储层精细描述、提高油气采收率、钻采工艺设计、地面工程建设等领域的工程技术经验，按照实用、简洁和方便的原则，组织中原设计公司专家团队编纂而成的。旨在全面总结中国石化在枯竭油气藏型储气库开发建设中取得的先进实践经验和技术理论认识，以期指导石油工程建设人员进行相关设计和安全生产。

本丛书共包含六个分册。《地质与钻采设计》主要包括地质和钻采设计两部分内容，详细介绍了储气库地质特征及设计、选址圈闭动态密封性评价、气藏建库关键指标设计，以及储气库钻井、完井和注采、动态监测、老井评价与封堵工程技术等。该分册主要由沈琛、张云福、顾水清、张勇、孙建华等编写完成。《调峰与注采》主要包括储气库地面注采与调峰工艺技术，详细介绍了地面井场布站工艺、注气采气工艺计算、储气库群管网布局优化技术、调峰工况边界条件、紧急调峰工艺等。该分册主要由高继峰、孙娟、公明明、陈清涛、史世杰、尚德彬、范伟、宋燕、曾丽瑶、赵菁雯、王勇、韦建中、刘冬林、安忠敏、李英存、陈晨等编写完成。《采出气处理、仪控与数字化交付》详细介绍了采出气脱水及净化处理工艺技术、井场及注采站三维设计技术、储气库数字化交付与运行技术。该分册主要由宋世昌、丁锋、高继峰、公明明、陈清涛、郑焯、吉俊毅、史世杰、王向阳、黄巍、王怀飞、任宁宁、考丽、白宝孺等编写完成。《设计案例：文 96 储气库》为中国石化投入运营的第一座储气库——文 96 储气库设计案例，主要介绍了文 96 储气库设计过程中的注采工艺、脱水系统、放空、安全控制系统以及建设模式等内容。该分册主要由公明明、丁锋、李光、李风春、龚金海、龚瑶、宋燕、史世杰、刘井坤、钟城、郭红卫、李慧、段其照、孙冲、李璐良、荣浩然、吴佳伟等编写完成。《设计案例：文 23 储气库》为文 23 储气库设计案例，主要介绍了文 23 储气库建设过程中采用的布站工艺、注采工艺、处理工艺及施工技术。该分册主要由孙娟、陈清涛、高继峰、李丽萍、曾丽瑶、罗珊、龚瑶、李晓鹏、赵钦、王月、张晓楠、张迪、任丹、刘胜、孙鹏、李英存、梁莉、冯丽丽等编写完成。《地面工程建设管理》详细介绍了储气库地面工程 EPC 管理模式和管理方法，为储气库建设提供管理参考。该分册主要由银永明、刘翔、高山、胡彦核、仝淑月、温万春、郑焯、晁华、刘秋丰、程振华、许再胜、孙建华、徐琳等编写完成。全书由刘中云、沈琛进行技术审查、内容安排、审校定稿。

本丛书自2017年12月启动编写至2021年2月定稿，跨越了近5个年头，编写过程中共有40多人在笔者的组织下参与了这项工作，编写团队成员大都亲身参与了相关储气库开发建设过程中的地面工程设计或管理，既有丰富的现场实践经历，又有扎实的理论功底。他们始终本着高度负责的态度，在完成岗位工作的同时，为本丛书的付梓倾注了大量的时间和精力，力争全面反映中国石化在储气库建设领域的技术水平。

此外，本丛书在编纂过程中还得到了中国石化科技部、国家管网建设本部、中国石化天然气分公司、中石化石油工程建设有限公司和中国石化出版社等单位的大力支持，杜广义、王中红、靳辛在本丛书编写过程中给予了充分的关心和指导。在此，笔者表示衷心的感谢！

当前，我国的储气库建设已进入快速发展期，在本丛书编写过程中，由中原设计公司承担的中原油田卫11、白9、文13西储气库群，以及普光清溪、东北油田孤家子储气库建设也已全面启动，储气库开发建设的经验和技术正被不断地应用在新的储气库地面工程建设中。

限于笔者水平，书中不妥之处在所难免，敬请各位专家、同行和广大读者批评指正。

编著者

目　录

第一章　设计思路及规模

第一节　项目背景简介

天然气作为一种清洁、高效的优质能源，据 2021 年《世界能源统计年鉴》，天然气在一次能源中所占的份额继续上升，达到创纪录的 24.7%，中国的天然气需求同比增长 7%，且天然气消费缺口呈逐年增大趋势。因此，加快天然气工业发展，不仅有利于加快能源结构优化，减少环境污染，也是提高人民生活水平，实现社会经济可持续发展的必要条件。

国家“十五”期间提出的实施西部大开发战略，加快中西部地区发展，是党中央总揽全局，审时度势，面向新世纪，实现第三步战略目标的必然举措和重要途径。西部地区有着得天独厚的天然气资源优势，当务之急是加快相关基础设施建设，将资源优势转变为经济优势。西部天然气资源的落实，使我国天然气的综合利用得以迅速发展，也大大促进了城市天然气输配系统工程的规划和建设。

为满足东部地区经济发展对天然气的需求，中国石油化工股份有限公司(以下简称“中国石化”)以鄂尔多斯北部塔巴庙探区天然气气源为基础，杭锦旗和杭锦旗南探区为接替，山西煤层气作为下一步发展目标，兴建榆林—济南天然气管道，主要供应豫北、山东市场。

榆林—济南输气管道的建成，形成以榆林—濮阳天然气管道为中心，以濮阳—济南输气管道和濮阳—郑州输气管道为两翼的豫鲁天然气管道系统，同时依托中原油田原有的外输天然气管道和中国石化天然气分公司近年来在山东建设的天然气管道，形成以省际输气管道为骨架，省内干线输气管道为基础，沟通县区输气管道，与其他气源有效衔接的安全供气网络。

河南、山东是我国人口稠密地区和经济较发达地区之一。目前，上述地区为进一步提高人民生活水平和促进地区经济发展，加快了天然气利用步伐，并正在建设和规划与之配套的天然气输配系统工程。根据该地区天然气市场调查及用气量的规划，要达到安全、平稳使用天然气，必须配套建设储气设施用于季节调峰和事故应急。

根据天然气管道系统运行经验，随着天然气在能源结构中所占比例的不断增大，供气区与用户区的年峰谷差、季峰谷差，以及意外事故等原因出现的供气不平衡现象越来越明显，建立与输气管道相配套的地下储气库是安全、平稳供气和天然气输配系统高效运行的重要保证。

榆林—济南输气管道末段的中原油田地处河南境内，邻近山东，地理位置优越，并且中原油田有数个可改建为地下储气库的枯竭气藏，地面配套设施完善。多年来，中原油田在气田开发、气举采油、采气管理中积累了丰富的经验，其中文 88 块天然气气驱先导试验，井口注气压力达到 50MPa，已安全运行近三年；普光气田正在进行高含硫气田的开发工作。这些特殊油气田的开发和试验，可为储气库建设提供技术支撑，研究并利用这些枯竭气藏建设地下储气库，对河南、山东两地的安全、平稳供气具有重要意义。

第二节 设计指导思想

中原油田文 96 地下储气库要充分考虑管道的实际输送能力和调峰市场(河南、山东)的需求。研究供气系统调峰技术、筛选储气构造、确定储气库的工作量，应遵循以下原则：

(1) 中原油田文 96 地下储气库规划和布局要符合中国石化与国家能源整体要求。

(2) 中原油田文 96 地下储气库为榆林—济南输气管道调峰、应急的配套项目，以平衡榆林—济南输气管道季节性用气不均匀性和事故应急为目标。

(3) 可行性研究的主要内容：气藏工程、钻井工程、注采工程、地面工程均需要进行详细论证，以保证结论的科学性、先进性和经济性。

(4) 提高项目的安全性，注重环境保护，确保项目运行安全、平稳、可靠。

(5) 通过优化设计，充分考虑节能降耗，有效降低项目投资和运行成本，提高项目经济效益。

(6) 遵循国家及石油行业的有关财务制度和税收政策。

(7) 遵循费用与效益计算口径的一致性原则，费用与效益识别的有无对比原则。

(8) 动态分析和静态分析相结合，以动态分析为主；定量分析和定性分析相结合，以定量分析为主。

(9) 遵循基础数据确定的稳妥原则。

第三节 项目建设的必要性

根据世界各国天然气开发利用的经验，为了充分利用榆林—济南输气管线的输气能力，提高其经济性，协调天然气供求关系，保证天然气安全、平稳供应，必须建设与之配套的地下储气库。

储气库建设的必要性主要表现在以下几个方面：

1. 季节用气调峰

天然气的利用主要是城市居民用燃气，突出的特点是用气量的不均衡性，用气量在一年中每个季节、每一个月、每一天都是波动的，白天特别是一日三餐时间用气多，夜间用气少；冬季用气多、夏季用气少；冬、夏两季用气量相差悬殊。

输气管道一般按照满足年输气量设计，满负荷运行时更加经济。长距离输气管线输量虽然可以被调节，但可调节范围小，满足不了冬季高峰用气量的需求，这就决定了需要建设天然气储存设施。

2. 突发事件应急

榆林—济南输气管线长 1045km，管道沿线地形地貌复杂，若出现事故，输气干线必然会中断向下游供气。对于城市居民用户、部分公共建筑和福利设施及冶金、玻璃陶瓷等工业用户来说，如果停气会影响其正常的生产、生活秩序，增加社会不稳定因素，同时也会给工业企业带来不可估量的经济损失。因此，当建设了与输气管道相配套的储气库时，可调用地下储气库中的天然气作为用户应急用气。

3. 降低管道投资，提高工程效益

国内外相关资料表明，没有配套地下储气库的长输管道系统输气能力只能达到80%～85%，而配套建有地下储气库的长输管道系统可以充分发挥其输气能力；当气井按配产均衡生产、输气干线系统满负荷输气时，气田采气井和干线压缩机总数可减少15%。

豫北、山东所处地区天然气利用具有自身显著的特点：一是用气人口多，用户类型和组成复杂，造成天然气用气情况复杂，城市居民夏、冬两季用气的差别非常明显，调峰需求量大；二是用气的城市多，天然气输配管网系统比较复杂，天然气量的管网调度困难，特别是在冬季用气高峰时更为明显；三是这些地区主要以西部气源为主，用气中心与气源之间相距远，这不仅增加了管道发生事故的概率，而且使气源的调节功能相对滞后，不可能通过调节气源的生产来满足调峰的要求。榆林—济南输气管道与目标天然气市场的特点，决定了只有建设与之配套的地下储气库才能满足管道季节调峰与应急供气的要求。

综上所述，为了保证榆林—济南输气管线安全、平稳供气，必须建设与之相适应的地下储气库。

第四节 设计范围

储气库的地面工程可分为两个部分：输气干线和文96集注站。文96集注站位于河南省濮阳市区东南30km处的文留镇文三联合站南，输气干线起点为濮阳市清丰县的清丰分输站，终点为文96集注站，全部地面工程均位于濮阳市境内。

(1) 文96集注站包括站外注采气井管网和站内注采工艺、采气脱水、自动控制与仪表、供配电、通信、总图和道路、建筑、结构、给排水、消防、采暖通风、防腐及阴极保护、工程概算、节能降耗等。

(2) 输气干线包括线路部分、穿跨越部分及阀室部分的工程测量和工程岩土、工程工艺、自动控制与仪表、供配电、通信、结构、水工保护、通风、防腐及阴极保护、工程概算、节能降耗等。

第五节 设计规模

一、榆林—济南输气管道概况

榆林—济南输气管道工程线路起点为陕西省榆林首站，终点为山东省齐河末站，管道沿途经陕西、山西、河南、山东4省，共8个地市23个县区，设计输量为$30\times10^8m^3/a$(相当于$857.14\times10^4m^3/d$)，沿线共设12座站场。

榆林—济南输气管线从榆林首站—南乐分输站段，设计压力为10.0MPa，管线采用D711mm、材质X65钢管；南乐分输站—齐河末站段，设计压力为8.0MPa，管线采用

D610mm、材质 X60 钢管；濮阳分输支线设计压力为 8.0MPa，管线采用 D610mm、材质 X60 钢管，见表 1-1。

表 1-1 榆林—济南天然气管道设计压力、管径、管材表

名 称	设计压力/MPa	管径/mm	管 材
榆林首站—南乐分输站段	10.0	711	X65 钢管
南乐分输站—齐河末站段	8.0	610	X60 钢管
濮阳分输支线	8.0	610	X60 钢管

榆林—济南天然气管道于 2010 年 10 月启输，输量为 $20\times10^8m^3/a$，2012 年达到设计输量 $30\times10^8m^3/a$。

根据豫北地区市场调查，2010 年中国石化在豫北地区天然气供应的协议输量应该达到 $7.2\times10^8m^3/a$，2011 年后则为 $13\times10^8m^3/a$，而目前中原油田在豫北地区供气已不足 $7\times10^8m^3$，随着中原油田天然气产量的递减，其供应量将随之逐年减少，豫北地区现有气源的可供气量在今后将很难超过 $10\times10^8m^3/a$，远远满足不了该地区的天然气市场 $13\times10^8m^3/a$ 的需求。根据豫北地区输气管道布局，榆林—济南管道拟向豫北地区供气 $10.5\times10^8m^3/a$，下气点设在榆林—济南管道的安阳分输站和清丰分输站。

山东是国内少数几个由国内三大石油公司共同供气的省份之一，可供天然气源较多，主要包括中国石化的胜利油田、中国石油陕京二线代输的中国石化天然气、中沧线管输天然气；中国石油的渤南气田生产的天然气和中国石油的沧淄线、冀宁线的管输天然气。根据山东 LNG 可研报告分析，2007 年山东省天然气消耗量为 $20.94\times10^8m^3$，山东省 2010~2020 年天然气供需平衡见表 1-2。

表 1-2 2010~2020 年山东天然气供需平衡表 10^8m^3

年 份		2010 年	2013 年	2014 年	2015 年	2016 年	2017 年	2018 年	2019 年	2020 年
需求量		51.12	90.49	99.71	108.12	115.46	120.35	125.38	129.58	13.94
供应量	胜利油田	4	4	4	4	4	4	4	4	4
	渤南气田	5	5	5	5	5	5	5	5	5
	中国石油	20	26	28	30	32	35	35	35	35
	鄂尔多斯	15	15	15	15	15	15	15	15	15
	合计	44	50	52	54	56	59	59	59	59
供需平衡		-7.12	-40.49	-47.71	-54.12	-59.46	-61.35	-66.38	-70.58	-74.94

从表 1-2 中可以看出，山东天然气市场需求缺口巨大，为此中国石化立项兴建山东 LNG 工程，项目主要供给山东省淄博市以东到青岛、烟台等七个城市，淄博市以西的山东省其他城市主要由中国石化在建的榆济(榆林—济南)管线负责调峰供气。LNG 项目的接收站分两期建成，一期供气能力 $40\times10^8m^3/a$，于 2013 年建成投产，当年输出天然气量为 $14.29\times10^8m^3$，2016 年达产；二期工程供气能力为 $68\times10^8m^3/a$，最大供气能力为 $87.64\times10^8m^3/a$。

以上分析说明，山东天然气市场销量大，供应方竞争激烈，仅靠一个气源是满足不了山东市场需求的，同时，山东西部天然气市场缺乏必要的调峰手段，因此，为榆林—济南天然气管道配套建设地下储气库意义重大。

榆林—济南管道投产后计划每年分配给山东 $18\times10^8m^3$ 的天然气，主要由齐河末站进入山东供气管网进行统一调配。

二、储气库规模确定

1. 管道分类用气需求

根据现行国家规范《城镇燃气设计规范》(GB 50028—2006)规定，燃气的调峰由供气方(输气管线)负责，而榆林—济南输气管道所输天然气在目标市场上主要为城市单位及居民用燃气、保障性用气(主要为集体采暖用户)及工业用气(燃料及原料)。根据目前国内现役管道的调查情况，下游用气对管道季节调峰的影响很大。就目前采暖地区而言，对用气波动影响较大的主要是民用及公共建筑和福利设施用气，在供气初期和资源短缺的情况下，各地优先保障民用及公共建筑和福利设施用气，其用气量占的比例普遍偏大，这给管网的安全运行、季节调峰带来了很大的压力，因此，在制定下游用气结构时，必须综合考虑储气库的合理选址及管线的输气能力。

根据市场调研，榆林—济南输气管道目标市场 2015 年合理的天然气消费结构见表 1-3。

表 1-3 2015 年中国石化目标市场消费结构

类 别	用气比例/%	类 别	用气比例/%
民用气	37.5	工业用气	38
公共建筑及福利设施	24.5		

本项目储气库的配套研究是基于榆林—济南管道 2010 年各省市供气量的基础上展开的，各分输站的下气量见表 1-4。

表 1-4 榆林—济南管道分输站冬季下气量 10^8m^3

分输站	安阳站	南乐站	聊城站	齐河末站	合 计
下气量	6.00	4.50	1.50	18.00	30.00

2. 季节调峰气量

在进行调峰气量预测时，可视河南、山东等目标市场的所有天然气用户为一个整体，所有气源为鄂尔多斯北部塔巴庙探区、杭锦旗和杭锦旗南探区，先预留山西煤层气为一个备用稳定供气源。由于整个目标市场用气量差别较大，民用生活气部分的调峰可由各级管网消化调整，而采暖保障用气则由于用气过于集中，且用量占整个市场量较大，因此必须建立专门的设施以作调峰之用，本工程是依据中国石化有关部门决定，在下游市场的上口、地质等条件优越的中原油田建立的地下储气库，以将气源来气在夏季出现余量时注入储气库，冬季用气市场出现缺口时由储气库来补充，来保障整个沿线市场用气的安全、平稳供应。

用气不均匀系数与地域气候差别、用气结构均有关，根据豫北、山东市场调研数据，分析预测出目标市场用气综合月不均匀系数。

目标市场的用气综合月不均匀系数见表 1-5 和图 1-1。目标市场的综合月用气量见表 1-6和图 1-2。

表 1-5　目标市场综合月不均匀系数表

月　份	1月	2月	3月	4月	5月	6月	7月	8月	9月	10月	11月	12月
不均匀系数	1.41	1.27	1.07	0.89	0.82	0.8	0.8	0.8	0.83	0.88	1.07	1.36

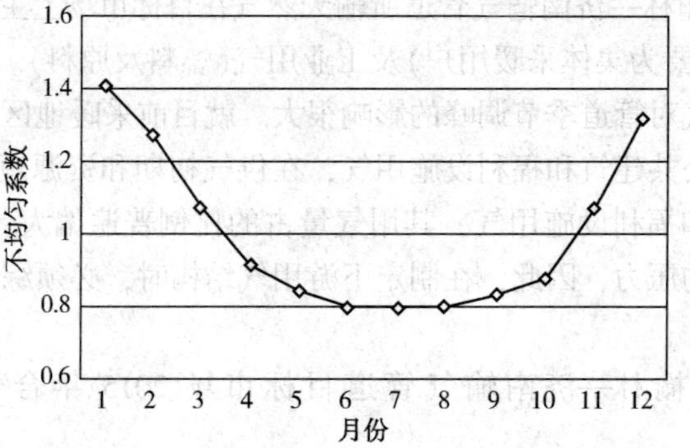

图 1-1　河南、山东综合月不均匀系数曲线

表 1-6　目标市场综合月用气量表

月　份	1月	2月	3月	4月	5月	6月	7月	8月	9月	10月	11月	12月
月富余用气量/10^8m^3				0.275	0.45	0.5	0.5	0.5	0.425	0.3		
月不足用气量/10^8m^3	1.025	0.675	0.175								0.175	0.9
日注气量/10^4m^3				92	150	167	167	167	142	100		
日采气量/10^4m^3	340	225	117								117	300

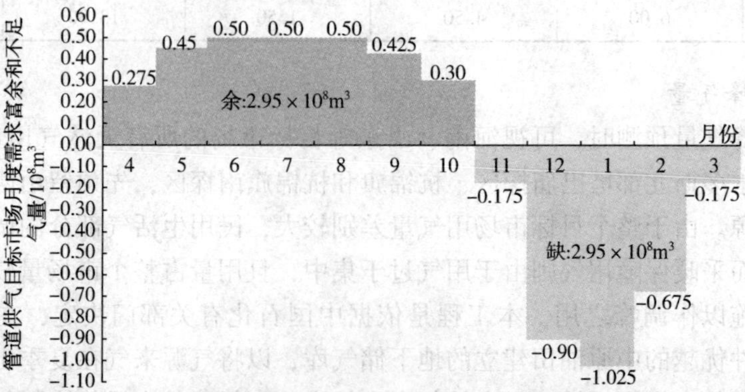

图 1-2　河南、山东综合月不均匀用气图

根据用气结构和综合月不均匀系数，管道达到设计输量后，目标市场季节调峰总量为$2.95\times10^8m^3$。季节调峰期，目标市场的最大注气量(6月、7月、8月)为$167\times10^4m^3/d$，最小注气量(4月)为$92\times10^4m^3/d$；最大采气量(1月)为$340\times10^4m^3/d$，最小采气量(3月、11月)为$117\times10^4m^3/d$。

3. 管道事故应急气量

事故应急气量是指当输气管道发生事故时，利用天然气供应系统的能力最大限度地满足用户的保安需求量。榆林—济南管道工程天然气主供山东及豫北市场，供气系统涉及管线、站场、增压设备及下游用户，必须安全可靠。

国外的实践经验及国内西气东输等管道的实际运行情况表明，在极端事故的工况下，储气库作为应急气源供气，要保证不可中断用户3d的用气量。因此，本书中管道事故维修时间取72h，不可中断用户为民用气、部分公共建筑和福利设施用户及工业用户。不可中断用户民用气量取90%，部分不可中断及福利设施和工业用户用气量取10%，则榆林—济南输气管道一次事故的延滞气量为$0.141\times10^8m^3$，则目标市场的应急气量为$470\times10^4m^3/d$。

4. 储气库规模

储气库的有效工作气量为管道达到满负荷运行时季节调峰气量$2.95\times10^8m^3$，应急供气能力大于$470\times10^4m^3/d$，按$500\times10^4m^3/d$进行设计。管道达到设计输量后，目标市场季节调峰量、注气量、应急供气量见表1-7。

表1-7　目标市场季节调峰量、注气量、应急供气量表

月　份	1月	2月	3月	4月	5月	6月	7月	8月	9月	10月	11月	12月
不均匀系数	1.41	1.27	1.07	0.89	0.82	0.8	0.8	0.8	0.83	0.88	1.07	1.36
月注气量/10^8m^3				0.275	0.45	0.5	0.5	0.5	0.425	0.30		
日注气量/10^4m^3				92	150	167	167	161	142	100		
月调峰气量/10^8m^3	1.025	0.675	0.175								0.175	0.9
累计调峰气量/10^8m^3	2.042	2.717	2.95								0.175	1.075
日调峰气量/10^4m^3	342	225	117								117	300
应急供气量/($10^4m^3/d$)	470	423	356	296	273	266	173	266	266	293	356	427

三、设计基础资料

1. 地面工艺运行参数

储气库动用主块和文92-47块的有效工作气量达到$2.95\times10^8m^3$，因此，储气库的地面工程设计规模应与其相匹配，确定为$2.95\times10^8m^3$，文96储气库库容参数见表1-8。

表 1-8 文 96 储气库库容参数 10^8m^3

参 数	主 块	文 92-47 块	合 计
最大库容量	5.19	0.69	5.88
基础垫气量	0.62	0.08	0.7
附加垫气量	1.96	0.27	2.23
总垫气量	2.58	0.35	2.93
有效工作气量	2.61	0.34	2.95

1）注气系统

榆林—济南天然气管线最大富裕气量为 $167\times10^4m^3/d$，因此，确定文 96 集注站注气系统设计规模 $200\times10^4m^3/d$，单井注气规模≤$50\times10^4m^3/d$。

2）采气系统

文 96 集注站天然气脱水处理系统设计规模 $350\times10^4m^3/d$，单井采气规模≤$60\times10^4m^3/d$，应急供气规模 $500\times10^4m^3/d$。

2. 天然气走向及运行周期

本工程气源流向为：

1）注气期

天然气来自榆林—济南输气管道，从清丰分输站预留开口接气，经计量后输送至文 96 集注站，经注气压缩机增压后通过单井注气管道注入地下储气库。

注气期共 220d：3 月 26 日~10 月 31 日。

2）采气期

地下储气库储存的天然气，通过采气井注采气管道输入集注站内，经过天然气脱水处理后，由新建的输气干线输送到清丰分输站后，进入榆林—济南输气管道系统。

储气库采气期共 120d：11 月 15 日~3 月 14 日。

3）停气期

春季共 11d：3 月 15 日~3 月 25 日。

秋季共 14d：11 月 1 日~11 月 14 日。

停气期用于压力平衡及设备维护等。

3. 天然气气质

储气库采出天然气由两部分构成：

第一部分为注入的管道气，符合《天然气》(GB 17820—1999) 中的Ⅱ类气质标准，组成见表 1-9。

表 1-9 榆林—济南管道天然气组成表

序 号	名 称	含 量
1	天然气组分(物质的量)/%	
	C_1	94.7809
	C_2	2.9639

续表

序号	名称	含量
1	C_3	0.5752
	iC_4	0.1008
	nC_4	0.1156
	iC_5	0.0538
	nC_5	0.0363
	C_{6^+}	0.0192
	CO_2	0.8642
	N_2	0.4464
	He	0.033
	H_2	0.0107
2	天然气相对密度	0.5903
3	压力/MPa	4.18
4	温度/℃	2.7
5	水露点(工况)/℃	-16
6	烃露点/℃	-28.8

第二部分为原有的文96气藏气，组成见表1-10。

表1-10 文96原始气藏气组成表

序号	名称	含量
1	天然气组分(物质的量)/%	
	C_1	85.69
	C_2	5.94
	C_3	3.27
	iC_4	0.68
	nC_4	1.25
	iC_5	0.48
	nC_5	0.43
	C_6	0.40
	C_{7^+}	0.32
	CO_2	0.66
	N_2	0.88
2	相对密度	0.6588~0.7505

4. 井口工作参数

储气库注采工程方案，注采井生产参数如下：

新钻井中采气井 14 口，其中注采合用井 6 口。

单井采气规模≤$60\times10^4 m^3/d$。

单井注气规模≤$50\times10^4 m^3/d$。

采气井井口压力≤ 22.5MPa。

采气井井口温度≤62.47℃。

注气井井口压力≤23.5MPa。

注气井井口温度≤60℃。

第六节　自 然 条 件

一、地理位置

文 96 气藏位于河南省濮阳市东南部濮阳县文留镇东南。气藏区域位置为东濮凹陷中央隆起带文留构造的东翼，为一北宽南窄，呈北北东—南南西方向延伸的狭长形的逆牵引背斜——反向屋脊式构造带。气藏北为文 92 北块，东为文 110 块，南为文 115 块。该构造受北东走向和北西倾向的徐楼断层与东倾的地层控制。徐楼断层、文 110 断层、文 92-43 断层、文 115 断层为气藏边界断层，对油气分布起控制作用。

文 96 气藏属于黄河冲积平原的一部分，地势较为平坦，土层深厚，便于开发利用；垦殖率较高，达到 77.5%，但人均占有量少，后备资源匮乏，土地绝大部分已开辟为农田。

二、沿线地形地貌

管线经过地段属于平原地貌，地形平坦，沿线主要为耕地，分布较多生产灌溉用水渠。沿线种植的农作物主要以小麦、玉米为主。地层的分布情况多为第四系上更新统及全新统的土黄色、黄褐色粉土、黏性土，部分地段分布有冲积的砂等。

三、沿线区域地质构造

根据地质演化、新构造运动特征的不同，勘察近场区区域在构造上属于中朝准地台—华北坳陷区的次一级构造单元。

中朝准地台基本特征：基底为深变质的太古界以及浅变质的下元古界，太古界与下元古界之间为角度不整合，基底地层经嵩阳运动和中条运动，褶皱强烈，形成形态复杂的紧闭或倒转线型褶皱，其构造线方向在太行山区和嵩箕山区为近南北向，在小秦岭—舞阳、济源西铁山河地区则为近东西向和北西西向。盖层为未经变质的中元古界汝阳群(及官道口群)至下古生界浅海相碎屑岩—碳酸盐岩沉积建造，上古生界海陆交互含煤建造和中新生界陆相碎屑岩建造。王屋山运动以后，准地台区所经历的构造运动主要表现为升降运动，造成震旦系底界、寒武系底界、中石炭统底界三个区域性平行不整合面。燕山运动在区内影响较大，表现为强烈的断裂活动，褶皱运动次之，因此，盖层内断裂比较发育，褶皱较弱，多形成近东西向的宽缓背向斜。燕山运动使东部大幅沉陷，形成华北坳陷。

沿线所经区域属于华北平原地震带，地震活动水平和频度很高。勘察近场区内主要断裂为安阳—范县断裂。全新世以来，未见断裂活动证据，在地形地貌上亦无明显活动迹象。

四、地震效应评价

1. 地震动参数区划结果

根据《建筑抗震设计规范》(GB 50011—2001)和国家质量技术监督局2001年2月2日发布的《中国地震动参数区划图》(GB 18306—2001)：文96地下储气库工程段地震动峰值加速度值0.20g，相当于地震基本烈度Ⅷ度。

2. 地基土地震液化判别

管道沿线抗震设防烈度为Ⅷ度区，勘察期间地下水位局部较高，存在饱和粉土层(主要分布在文留乡)，局部地段存在地震液化可能性，详细勘察时应详细查明沿线地下水的埋深情况，判别存在地基地震液化可能地段的液化等级，提供设计所需的参数及处理措施的建议。

3. 抗震地段划分

管道全线无崩塌、滑坡、泥石流等不良地质，管线所经文留乡境内地下水位局部较高，存在饱和粉土层，存在地震液化可能性，属对建筑抗震不利地段。其他地段属建筑抗震一般地段。

五、水文地质条件和气象

1. 水文地质条件

1) 地下水赋存特征

管线所经区域主要为黄河中下游冲(洪)积平原，地下水以第四系孔隙潜水类型为主，主要赋存在透水性较强的第四系粉土中，据调查，勘探期间地下水埋深4~15m，地下水位随降雨量而变化，丰水期水位上抬，枯水期水位下降。补给来源主要为大气降水和农业灌溉的入渗补给及区段内河流的侧向径流补给，排泄途径主要为自然蒸发及人工抽水。

2) 水土腐蚀性评价

该区段地下水位埋深较大，大于管道敷设深度，可不考虑地下水对钢质管道的腐蚀性影响。

根据本次沿线所做的土壤电阻率测试结果，该段土壤电阻率测量结果在3.77~85.41Ω·m范围内，70%的测量区段内土壤电阻率小于20Ω·m，16.7%的测量区段内土壤电阻率大于20~50Ω·m，13.3%的测量区段内土壤电阻率大于50Ω·m。故综合判断该段土壤对钢质管道的腐蚀性应为强腐蚀。

2. 气候气象条件

管线所经区域属北温带半湿润大陆季风气候区，四季分明。年最低气温出现在每年元月，月平均气温-2.1℃；最高气温多出现在每年7月，月平均气温27℃；年平均气温

13.4℃。多年平均降水量607.79mm，蒸发量1805.4mm，绝对湿度为12.9g/m^3，相对湿度68%，全年无霜期210d左右，太阳年总辐射量为1183kcal/cm^2。降水量实际变化较大，丰水年最大降水量为1067.6mm，枯水年最小降水量为264.5mm。因受季风影响，年降雨量不均匀，冬季少，占10%~15%，年内降水量多集中在7~9月，约占全年降水量的70%左右。全市常年主导风向为北风、南风，其次为东南风，年平均风速为2.8m/s，瞬时最大风速为15.3m/s。总之，该区春季干旱多风，夏季炎热多雨，秋季旱涝交替，冬季干冷少雪。

平均年冻土深度20.6cm。管线埋地1.3m处月最高平均地温25℃，月最低平均地温6℃。极端最高气温达43.1℃，极端最低气温-21℃。全年平均日照时间数2427.2h，年平均相对湿度68.3%。

六、沿线岩土分布及工程地质性质

管线所经区域位于黄河泛滥平原，该段区域为黄河多次泛滥冲洪淤积之场所，沉积了较厚的黄河冲洪积物，岩性主要为第四系全新统冲洪淤积成因的黄褐色、浅黄色的粉土和黏性土，根据《油气田及管道岩土工程勘察规范》(SY/T 0053—2004)，岩土工程分级为Ⅱ级，具体描述如下：

粉质黏土：黄褐色、褐黄色，可塑—硬塑，无摇震反应，切面稍有光滑，强度中等，韧性中等，夹粉土、黏土薄层。横向上分布不连续，局部较薄甚至缺失。层厚一般为1.0~3.0m。

粉土：黄褐色、褐黄色，稍湿—很湿，稍密—中密，见云母片、少量氧化铁、有机质，摇震反应迅速，局部夹粉质黏土薄层及黏土块。层底埋深大于3.0m，仅局部地段缺失该层。

七、管道沿线不良地质

该段管线与区内非全新活动断裂安阳—范县断裂在马村乡附近相交，活动断裂对输气管道可能产生的危害主要包括两个方面：一是断裂直接穿过管道，使管道被错断或发生变形；二是强震在管道工程场地产生强烈地面震动，使管道及其建(构)筑物发生震动毁坏或引发次生灾害。

根据《榆林—濮阳—济南输气管道工程场地地震安全性评价报告》(中国地震局地震研究所，2006年9月)可知，安阳—范县断裂发震可能性较小，不需要特殊设防，工程设计施工时只需要考虑区域地震构造环境，按照该地区的地震危险性分析和区划结果所提供的地震动参数进行设计施工即可。

八、社会条件

1. 交通运输

文96储气库区域优势明显、交通运输方便。文96气田地处中原腹地，地势平坦，气候适宜，物产丰富，生活便利，区域优势十分明显，属人口稠密区。境内公路网纵横交错，铁路、公路运输十分方便，北依濮台铁路，西连京广铁路，东接京九铁路，西面紧挨

106 国道，北距濮鹤—濮范高速 30km，西距大广高速 35km，南距日东高速 40km，距河南郑州国际机场、山东济南机场仅 2.5h 车程，物流、人流可通过公路、铁路、航空及沿海港口输送。矿区内配套的油区道路布局合理，且级别较高，文东勘察路由北向南穿过文 96 气田，拟建的集注站就在文东勘察路路边，交通十分便利。

2. 油田地面配套系统

文 96 气田周围建有文三联合站、文东气举站(北、南两院)、金堤变电所、采油一厂生活基地等，地面油气生产处理设施配套建设齐全。

文三联合站：建于 1988 年，占地面积 $56550m^2$，建筑面积 $2678.02m^2$。设计原油处理能力 $150\times10^4t/a$，储油能力 $1.0\times10^4m^3$，污水处理能力 $15000m^3/d$。配套有 35kV 开闭所一座，锅炉房一座，供水消防泵房一座，主要担负采油一厂文东油田油气分离、原油脱水、原油稳定与计量外输、含油污水预处理及油田注水等任务。站内设有油气分离、原油脱水、原油外输、原油稳定、油田污水处理、供水、天然气外输计量等 7 个生产岗位。

文三联合站可以为文 96 储气库建设提供依托，可以供生产用水及软化水等。2003 年 11 月对污水系统进行了改造，新建 $1000m^3$ 污水收油罐 1 座，$1000m^3$ 污水缓冲罐 1 座。可以承担集注站天然气脱水脱出凝液的处理任务。

文东气举站(北、南两院)：拥有气举压缩机 9 台，配气站 18 座，日供气能力 $204\times10^4m^3$，可以为文 96 集注站提供仪表用风等。

金堤变电所：为 110kV 供电开闭所，其主变安装容量为 51500kV · A，平均最高运行负荷约 30000kW。该变电所设 110kV 电源进线 2 回；35kV 电源配出线 8 回(主要供采油一厂油区内生产负荷用电)；6kV 电源配回路 10 回，主要供文三联、文东气举等生产负荷用电。可为储气库消防、压缩机提供充足的电力依托。

采油一厂生活基地：是为文东气举采油增压站配套建设的；距文 96 集注站仅 7km，基地设有通信塔站，可以为文 96 储气库生产建设提供通信、生活服务。

第二章 流程图及平面布置

第一节 注 气 工 艺

一、注气流程简述

在注气期(4~10 月)，榆林—济南输气管道富裕的天然气通过清丰分输站至文 96 集注站的输气干线进入文 96 集注站，首先进行流量计量，经过滤分离后进入注气压缩机增压，增压后的天然气通过单井管线注入地下储气库。文 96 集注站注气工艺流程如图 2-1 所示。

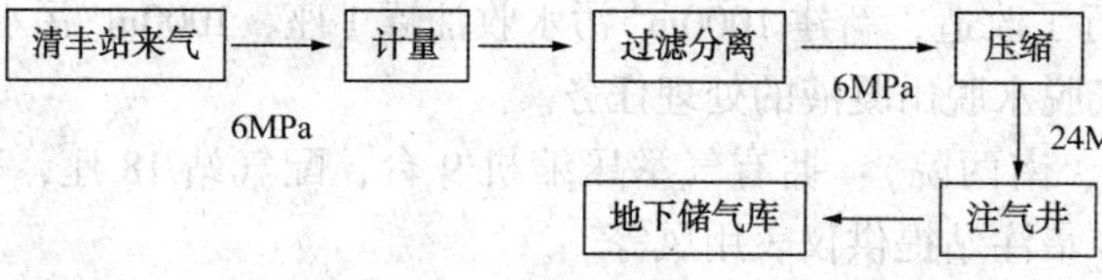

图 2-1 文 96 注气流程图

二、注气工艺参数

储气库地面配套工艺满足“强采、强注”要求，注气压力在注气期开始时压力低，略高于储气库最低压力，随着注气量的增加，压力越注越高，到注气期结束时，注气井口压力为 24MPa，地层压力达到 27MPa。注气量随着时间不同而变化，在注气期注气压力、注气量、对应的地层压力见表 2-1。

表 2-1 注气压力、注气量、地层压力表

月 份	1月	2月	3月	4月	5月	6月	7月	8月	9月	10月	11月	12月
不均匀系数	1.41	1.27	1.07	0.89	0.82	0.8	0.8	0.8	0.83	0.88	1.07	1.36
月注气量/10^8m^3				0.275	0.45	0.5	0.5	0.5	0.425	0.30		
日注气量/10^4m^3				92	150	167	167	161	142	100		
累计注气量/10^8m^3				0.275	0.725	1.225	1.725	2.225	2.65	2.95		
地层压力/MPa				14.02	15.89	18.10	20.54	23.26	25.86	26.99		

续表

月 份	1月	2月	3月	4月	5月	6月	7月	8月	9月	10月	11月	12月
井底流压/MPa				24.9	25.2	25.6	26.2	26.9	27.8	35		
井口压力/MPa(井数)				12.23 (6)	14.92 (6)	17.06 (6)	18.99 (6)	21.12 (6)	22.97 (6)	23.31 (6)		

季节调峰期，目标市场的最大注气量是6月份、7月份和8月份，为$167×10^4m^3/d$；最小注气量是4月份，为$92×10^4m^3/d$。

三、注气压缩机

1. 注气压缩机工艺参数

注气压缩机是地下储气库的核心设备，而压缩机工作参数选择是否合理，关系到储气库的长期运行效率。根据榆林—济南输气管道输气压力计算，文96集注站进站压力为5.91~6.05MPa，压缩机进气压力设计点为6.0MPa，允许波动范围5.0~7.0MPa。

压缩机进口压力与压比的选择决定着压缩机的长期运行效率，根据储气库的实际工作状况，要求配套压缩机进口压力及排量范围要宽，以满足调峰量的要求，保证输气管线高效运行，同时，考虑到储气库周期运行的特点，合理设计分配压缩机的一级、二级压比，满足在进气压力低时，二级出口温度不超过要求，在进气压力高时，一级负载不超过要求，在设计点时运行效率最高。

注气压缩机设计参数见表2-2。

表2-2 注气压缩机设计参数表

序 号	项目名称	数 值	备 注
1	进口压力/MPa	6.0	5.5~7.0
2	出口设计压力/MPa	26.0	
3	进气温度/℃	15~25	
4	出口温度/℃	<60	冷却后

2. 注气压缩机选型

压缩机是储气库工程中的最关键设备，选择技术先进、质量可靠的压缩机组对降低工程投资和注气费用有重要的意义。

目前，压缩机按照类型区分，主要有离心式、往复式以及螺杆式压缩机。离心式压缩机排量大、效率高、对气质的要求低、性能稳定，但对工况的要求非常严格；往复式压缩机压比大、对工况的要求不高，但对气质的要求较严格；螺杆式压缩机排量较大、压比大、对气质的要求低，但不适用于高压的场合。

针对储气库用注气压缩机出口背压范围大，注气压力高的特点，注气压缩机选用往复式压缩机。目前，用于天然气压缩的压缩机生产商主要有Ariel公司、Cooper公司、GE公司、D-R(德莱塞兰)公司等；天然气发动机生产商主要有Waukesha(瓦克夏)公司和 Caterpillar(卡特比勒)公司。其产品已经系列化设计、模块化生产，成套技术先进，型号齐全，应用范围广，产品使用遍布世界各地。机组都在向高可靠、长周期、低成本运行方向发展。压缩机组成套方案既可向发动机生产商订货，也可向压缩机生产厂商订货。

国内压缩机生产厂家主要有上海压缩机厂、重庆压缩机厂、江汉第三机械厂、北京第一通用机械厂和沈阳压缩机厂等。国内厂家也相继引进了国外先进技术，如沈阳鼓风机厂引进 GE 公司的技术，江汉第三机械厂引进 D-R 公司 RDS 系列，四川简阳气体压缩机厂研发的装置性能接近 Cooper 公司 AJAX 的 DPC 系列等。

目前，大功率燃气发动机在国内没有定型产品，大型天然气压缩机组国内生产厂家也较少，现场应用也少，就整体性而言，在产品品种、性能(包括易损件寿命、振动、噪声、可靠性、配件互换性、工况适应性等)及成套水平等方面远低于国外设备。从国内产品的应用情况来看，主要存在产品单一、性能不稳定、效率低、维修费用高和排量小等问题，但是国外设备配件订货时间长，维修保养比较困难，选用国外燃气驱动压缩机组时要考虑设备备用问题。

压缩机组采用燃气驱动和电机驱动两种驱动方式，储气库建设无论是采用燃气轮机驱动还是电机驱动，在技术上均可以满足工程工况的要求，驱动方式的选择主要取决于站场所处地理位置和各项技术经济指标，电源稳定的地区优先选用电驱压缩机。

3. 压缩机台数、气量调节

压缩机台数选择与设备功率、供配电条件、投资以及气量运行管理有关，在同样规模的储气库中，注气压缩机排气量的选择是在满足储气库工作气量要求的前提下，单机排气量的选择要适应来气量的变化，并与气量调配相适应。

压缩机工作气量与实际气量相差较大时，可以在运行前通过调节压缩机余隙，在运行中控制进口压力的方法解决。

对于储气库压缩机的运行，也可以对进口不进行节流控制气量，而是根据管道系统进入集注站的压力情况，由压力自动调节阀维持管道系统压力稳定的情况下，将管线中富裕气量注入储气库。

集注站设计进站、出站压力控制系统，在注气期初期、末期也可以通过设置的出口压力调节系统进行高压回流调节，保证压缩机进口、出口压力的稳定，并与注气压力、气量相匹配。

根据储气库月度注气量的要求与现有供电条件分析，电机驱动压缩机功率不宜过大，因此，本工程在选择燃气驱动压缩机时为 3 台(2 开 1 备)，选择电机驱动压缩机时为 3 台(3 开无备用)两个方案进行比选。

压缩机进口压力 5~7MPa，设计点 6MPa，对应供气量为：

3 台 3 开无备用方案：$52\times10^4\sim72\times10^4m^3/d$，设计点为 $62\times10^4m^3/d$。

3 台 2 开 1 备用方案：$71\times10^4\sim99\times10^4m^3/d$，设计点为 $85\times10^4m^3/d$。注气压缩机月度运行参数及台数见表 2-3。

考虑采气过程中地层可能出现少量水的影响，增压机注气时存在一定的启动压差，适当考虑注气压力的余量，压缩机出口压力为 26MPa。

表 2-3 注气压缩机月度运行参数台数

月 份	1月	2月	3月	4月	5月	6月	7月	8月	9月	10月	11月	12月
不均匀系数	1.41	1.27	1.07	0.89	0.82	0.8	0.8	0.8	0.83	0.88	1.07	1.36
注气量/10^8m^3				0.275	0.45	0.5	0.5	0.5	0.425	0.30		
注气量/(10^4m^3/d)				92	150	167	167	161	142	100		
井口压力/MPa				12.23	14.92	17.06	18.99	21.12	22.97	23.31		
压缩机运行台数/台				2	3	3	3	3	3	2		

根据压缩机驱动方式的不同设计两个方案，方案一为燃气驱动，方案二为电机驱动表 2-4和表 2-5。

表 2-4 压缩机机组运行参数

驱动方式	燃气驱动	电机驱动
单机排量/(10^4m^3/d)	84.495	62.883
运行台数/台	2	3
压缩机型号	JGC/4-1	JGC/4-2
压缩机转速/(r/min)	1000	1000
驱动型号	G3608	6kV 高压电机
压缩机功率/kW	1867	1323
驱动机功率/kW	1867	1500
单价/总价(人民币对美元汇率按 1∶6 计算)/10^4 美元	400/1200	350/1050
	7200	6300
配套费用/10^4 元	45	599.1

表 2-5 不同驱动方式费用一览表

项 目	燃气驱动(2用1备)	电机驱动(3台)
燃料气耗量(单台/总共)/(10^4m^3/d)	1.137/2.275	
耗电量(单台/总共)/(10^4kW·h/d)		2.88/8.64
气价/电价/元	2.5	0.757
润滑油耗量(单台/总共)/(t/d)	28/84	14/42
年运行费用(总共)/10^4 元	1251.307	1438.906
年维修费用(单台/总共)/10^4 元	155 /465	50/150
合计/10^4 元	1884.307	1672.906

表中数据显示，在设备购置费用方面燃气机组比电动机组多 900 万元，在配套供电设施费用方面燃气机组比电动机组少 554. 1 万元，两者相抵，2 项费用燃气机组比电动机组多 345. 9 万元；在运行费用方面燃气机组费用比电动机组多 211. 404 万元。

在压缩机组日常管理维护中，燃气发动机维修工作量以及发生的配件费用、维修费用占到总费用的 75%，也就是说，以燃气发动机为动力的压缩机组维修工作量以及发生的配件费用、维修费用高于以电机驱动的压缩机组，如果用户中同类型设备数量较少，维护费用及管理难度会更高。

鉴于文 96 油气田地面设施中已建有双回路开闭所一座且可以依托，电网供电相对平稳，本工程压缩机电机功率中等，与现有的气举采油、采气压缩机功率相当，占地面积较小，一次投资少，根据以上分析综合比较后，推荐采用国外电驱压缩机 3 开无备用压缩机方案。

第二节 露点控制工艺

一、气质分析

根据文 96 储气库地质方案，文 96 气田未采出原始气量为 $0.42\times10^8m^3$，储气库运行到压力下限 12. 9MPa 时，计算注入的干气量为 $2.51\times10^8m^3$，文 96 主块储气库的总垫气量为 $2.93\times10^8m^3$；运行到压力上限 27MPa 时，库容量为 $5.88\times10^8m^3$ 时，需注入的干气量为 $5.46\times10^8m^3$，有效工作气量为 $2.95\times10^8m^3$。

假设注入的干气与未采出的原文 96 气藏原始气混合，注入的干气量为 $5.46\times10^8m^3$，未采出原始气量为 $0.42\times10^8m^3$，经模拟计算混合后的天然气组成见表 2-6。

表 2-6 混合后天然气组成表

序 号	名 称		含 量
1	天然气组分(物质的量的比)/%	C_1	93. 7222
		C_2	3. 2972
		C_3	0. 8778
		iC_4	0. 1658
		nC_4	0. 2430
		iC_5	0. 1017
		nC_5	0. 0805
		C_6	0. 0620
		C_7	0. 0360
		CO_2	0. 8404
		N_2	0. 4948
2	烃露点(工况)/℃		−34. 681

二、烃露点控制

储气库采出气随着注采次数的增加，采出气重烃及水分含量越来越低，按气质最差的首次采出气组分可知，在 8MPa 工况下烃露点(工况)为-34.681℃，采出气质符合重烃含量要求，不需要上脱烃设施。

三、水露点控制

天然气脱水有吸收法、吸附法、冷却法脱水。根据《天然气脱水设计规范》(SY/T 0076—2008)，在输送过程中烃类凝液较少，压力较高的天然气脱水宜采用甘醇吸收法脱水。但是，由于地下储气库采取“强采、强注”周期性生产方式，采出天然气水露点控制工艺一般选择节流-丙烷制冷法脱水、吸收法三甘醇脱水，这两种方法都是成熟的天然气脱水工艺。但是，根据储气库类型不同，选择不同的脱水方法，一般认为以凝析气藏改建的地下储气库选择节流-丙烷制冷法脱水、脱烃工艺，而以盐穴改建的地下储气库选择吸收法三甘醇脱水工艺。在中原油田建设储气库有它自身的条件和外部条件，选择以上两种脱水工艺的优缺点分析对比介绍如下。

1. 三甘醇脱水方案

1) 采出气三甘醇脱水处理装置

根据储气库的规模建设一套 $500\times10^4m^3/d$ 的脱水装置。

2) 采气工艺流程

本装置利用三甘醇溶液吸收收法脱出天然气中的部分水分，满足露点降的要求。

(1) 主要工艺流程：

井口来的高压天然气(约 8.0MPa，20~45℃)进高压空气冷却器，温度降低到 24℃左右，经分离过滤器去三甘醇脱水系统。

① 湿天然气经过场站设置的过滤分离器，分离掉湿天然气中游离态液滴及固体杂质后，呈水饱和状态的湿天然气进入吸收塔下部的气液分离腔。分离掉因过滤分离器处于事故状态而可能进入吸收塔中的游离液体。湿天然气在吸收塔中的上升过程中，与从塔上部进入的贫三甘醇充分接触，发生气液传质交换，脱除天然气中的水分后，经塔顶捕雾丝网除去大于 5μm 的甘醇液滴后由塔顶部出塔。

② 干天然气出塔后，经过套管式气液换热器与进塔前热贫甘醇换热，降低贫三甘醇进塔温度，换热后经基地式自力式气动薄膜调节阀调节控制吸收塔运行压力，然后进入外输气管网。上述调节阀两侧设置旁通管路，管路上设节流阀，供调节阀维修及装置起动时使用。

③ 贫三甘醇由塔上部进入吸收塔，由上而下经过塔板，吸收天然气中的水分。吸收水分的富甘醇与部分高压天然气的气液混合物经过过滤器进入循环泵(甘醇和天然气驱动泵)。

④ 富甘醇出甘醇循环泵进三甘醇再生塔塔顶盘管，被塔顶蒸汽加热至 40~60℃后进入闪蒸罐，闪蒸分离出作为驱动循环泵的动力气及溶解在甘醇中的烃气体。再生塔塔顶盘管两端连接有旁通调节阀，用以调节富甘醇进盘管的流量，从而调节再生塔塔顶的回流量。

⑤ 甘醇由闪蒸罐下部流出，经过闪蒸罐液位控制阀，依次进入滤布过滤分离器及活性炭过滤器。通过滤布过滤器过滤掉富甘醇中粒径 5μm 以上的固体杂质。通过活性炭过滤器过滤掉富甘醇溶液中的部分重烃及三甘醇再生时的降解物质。两个过滤器均设有旁通管路。在过滤器更换滤芯时，装置壳通过旁通管路继续运行。

⑥ 经过滤后富甘醇进入选型为板式换热器的贫富液换热器，与由再生重沸器下部三甘醇缓冲罐流出的热贫甘醇换热升温至 150~170℃后进入三甘醇再生塔。

⑦ 在三甘醇再生塔中，通过提馏段、精馏段、塔顶回流及塔底重沸的综合作用，使富甘醇中的水分及很小部分烃类分离出塔。塔底重沸温度为 198~202℃，三甘醇质量浓度可达 98.5%~99.0%。

⑧ 重沸器中的贫甘醇经贫液汽提柱，溢流至重沸器下部三甘醇缓冲罐，在贫液汽提柱中可由引入汽提柱下部的热干气对贫液进行汽提，经过汽提后的贫甘醇质量浓度可达 99.8%。

⑨ 贫液从缓冲罐进入板式贫富液换热器，与富甘醇换热，温度降至 60℃左右进循环泵，由泵增压后进套管式气液换热器与外输气换热至 40℃进吸收塔吸收天然气中的水分。

(2) 辅助流程：

① 从吸收塔出口干气干管上引出一股干气至三甘醇缓冲罐，加热后经自力式压力调节阀节流并稳压至 0.3~0.4MPa 进入燃料气缓冲罐。从燃料气缓冲罐引出一股气，经单流阀后与闪蒸罐罐顶闪蒸气汇合并经自力式压力调节阀稳定阀后压力为 0.2MPa，进入三甘醇再生重沸器燃烧器及焚烧炉燃烧器作燃料气。从燃料气缓冲罐引出另一股气，经流量计进入三甘醇再生重沸器，加热后引至贫液汽提柱下部，作为贫液汽提气。

② 三甘醇富液闪蒸罐顶部闪蒸气引出后与燃料气缓冲罐引出燃料气汇合，作重沸器燃烧器及焚烧炉燃烧器的燃料气。在闪蒸气管线上设置放空管线。该管线经设定控制阀前压力的自力式压力调节阀及单流阀后连接站内放空系统。该自力式压力调节阀设定的压力略高于燃料气缓冲罐约 0.5~0.6MPa。其作用是在三甘醇重沸器燃烧器主火强度减弱或熄灭时，在闪蒸罐内通过升压过程储存此时闪蒸出的可燃气体。

③ 闪蒸罐高于正常液位上部设有篦油口，当从吸收塔出来的富甘醇中混有液烃时，可暂时提高闪蒸罐液位，让液烃从篦油口的管阀排至排污管汇。

④ 重沸器富液精馏柱顶排放的气体主要是三甘醇中再生出来的水蒸气，但同时含有甲烷和乙烷以上烃类，以及微量 CO_2、N_2 等。大部分情况下，经柱顶至焚烧炉排汽管线的冷却，水蒸气冷凝为水液，在焚烧炉下部的分液腔内分离出来，经排污管排放至污水池中。未凝气部分内非甲烷烃类含量极小，如符合废气排放标准，可直接排放。

⑤ 循环增压泵高压出口管线上设有一复线与富甘醇进三甘醇再生塔管线相连，供装置投产时向重沸器内灌注三甘醇时使用。

⑥ 仪表风由站内仪表风系统供给，0.7MPa 压力的仪表风由站内经自力式压力调节阀稳压至 0.3MPa 进入仪表风缓冲罐，并经仪表风过滤器过滤后分配至各气动控制仪表设备。

储气库在运行过程中流量不稳定，脱水装置吸收塔选用泡罩塔盘以适应流量的波动，处理量弹性范围 20%~150%。

2. 节流-丙烷制冷法脱水方案

1）采出气节流-丙烷制冷脱水处理装置

建设一套 $500\times10^4m^3/d$ 节流-丙烷制冷脱水处理装置。

2）采气工艺流程

本工艺利用节流—丙烷制冷法脱出天然气中的部分水分，满足露点降的要求。

主要工艺流程：井口来的高压天然气(12MPa，30~45℃)进高压空气冷却器，温度降低到24℃左右，进分离器分离出冷凝液体，然后加注抑制剂去节流—丙烷制冷系统进一步脱水。在采气期内来气压力高于12MPa时，主要依靠节流制冷进行脱水，只有在2月份来气压力低于12MPa时，采用丙烷制冷脱水，在采气期内丙烷制冷脱水运行时间计划为45d。

3）丙烷制冷工艺流程

其处理能力，2月份按 $350\times10^4m^3/d$，3月份按 $200\times10^4m^3/d$，压力为8MPa，天然气进口温度24℃，制冷到温度-15℃。

由于气体被冷却以后温度到-15℃，考虑到回收这部分低温气体的冷负荷，先用-15℃的尾气通过预冷器24℃的原生气体升温到-5℃，然后-5℃的原料气再通过丙烷蒸发器降温到-15℃，把液化下来的液体分离掉以后的气体再进回冷器预冷原生气。经过计算，冷量需求为1250kW，需要配套丙烷制冷设计工况：-20℃/20℃。

方案如下：

(1) 选择LG20BLZ自动型压缩机两台，单台LG20BLZ丙烷制冷压缩机在设计工况-20℃/20℃下的制冷量为660.2kW，轴功率为171.9kW，电机功率为200kW，电压为380V。

(2) 选择风冷冷凝器两台，单台风冷冷凝器的换热量为833kW。

(3) 选择ZP-3.5高压贮液器一台，单台高压贮液器ZP-3.5的容积为 $3.5m^3$。

(4) 选择ZWP-3.5卧式桶泵一台，单台卧式桶泵ZWP-3.5的容积为 $3.5m^3$。

(5) 防爆要求：

① 主电机：dIIBT4，防护等级为IP54，绝缘等级为F级，电机的防护等级为IP54，电压为380V。

② 油泵电机：dIIBT4，防护等级为IP54，绝缘等级为F级，电压为380V。

③ 现场操作台：pIIT4。

④ 丙烷泵：dIICT4，防护等级为IP55，绝缘等级为H级，电压为380V。

⑤ 风冷冷凝器轴流风机电机：dIIBT4，防护等级为IP54，绝缘等级为F级，电压为380V。

以上两种脱水方案都可以满足天然气脱水要求，节流-丙烷制冷法脱水工艺方案投资较高，但是运行费用较低，主要是消耗了抑制剂以及后期的丙烷制冷用电，工艺能耗利用合理；三甘醇脱水工艺方案投资较少但运行费用较高，主要消耗的是甘醇再生时加热用天然气。在安全运行方面，节流-丙烷制冷法脱水工艺较三甘醇脱水工艺没有加热设备，运行更加平稳，安全可靠性更高。

由于地下储气库周期性的运行模式，配套的脱水装置为季节性运行，随着储气库注采次数的增加，节流-丙烷制冷法脱水工艺较三甘醇脱水工艺优势更加明显，因而推荐选择节流-丙烷制冷法脱水工艺(表 2-7)。

表 2-7 运行费用对比表

序 号	方案名称	工程费用/10^4 元	全部费用/10^4 元
1	三甘醇脱水工艺	23929.94	30314.05
2	节流-丙烷制冷法脱水工艺	24098.01	30516.46

四、凝液处理

集注站脱出液体，经过站内缓冲罐后，由管道靠自身压力密闭输送到文三联油、气、水三相分离器内进行处理回收利用。

第三节 采 气 工 艺

一、采气流程

根据露点控制工艺配套设计采用两种方案，方案一采用三甘醇脱水工艺，方案二采用节流-丙烷制冷脱水工艺。

采用三甘醇脱水工艺时，在采气期(11 月~来年 3 月)将储存在地下储气库中的天然气在井口经过角阀进行一级节流，通过单井集输管线进入集注站内，在站内经过自力式调节阀将阀前压力调节节流至阀后不大于 9MPa，然后再进行流量调节，一级分离、空冷，经二级分离过滤后进入天然气甘醇脱水处理装置脱水，处理后的天然气经流量计量后通过输气干线输送至清丰分输站，补充进榆林—济南输气管道进行季节调峰。工艺流程如图 2-2 所示。

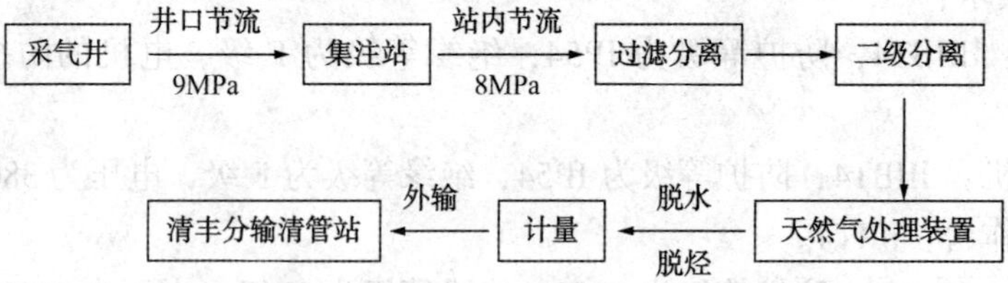

图 2-2 文 96 集注站采气流程(方案一)

采用节流-丙烷制冷脱水工艺时，流程与方案一基本相同，天然气在井口经过角阀、通过单井集输管线进入集注站内，在站内经过自力式调节阀将阀前压力调节节流至阀后不大于 13MPa，然后进行流量调节，当压力高于 12MPa 时，在 12MPa 压力下进行一级分离、空冷，空冷后的天然气进入天然气节流制冷脱水装置；当压力低于 12MPa 时，采用丙烷制冷，脱水后的天然气经流量计量后输送至清丰分输站，补充进榆林—济南输气管道进行季节调峰。工艺流程如图 2-3 所示。

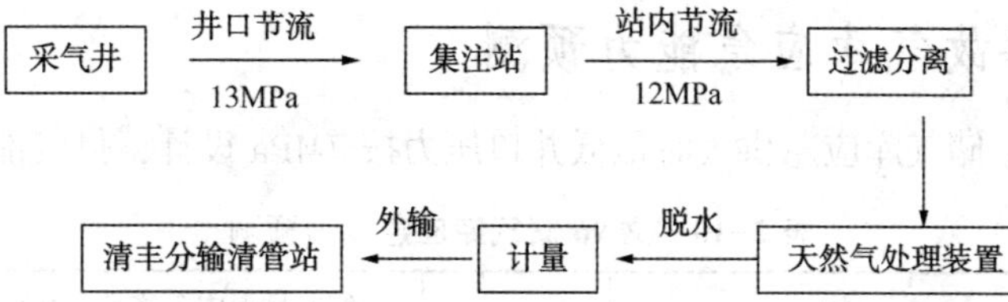

图 2-3　文 96 集注站采气流程(方案二)

二、采气期工作参数设计

每口井敷设一条集气线至集注站，注采阀组及计量设备设在文 96 集注站内，集气、注气管线最高操作压力按 26MPa 设计，注采合用井管线设计压力取 28MPa，采气期储气库工作运行参数设计见表 2-8。

表 2-8　采气期储气库工作运行参数设计

月　份	1月	2月	3月	4月	5月	6月	7月	8月	9月	10月	11月	12月
不均匀系数	1.41	1.27	1.07	0.89	0.82	0.8	0.83	0.8	0.83	0.88	1.07	1.36
日采气量/10^4m^3	342	225	117								117	300
月采气量/10^8m^3	1.025	0.675	0.175								0.175	0.9
累计采气量/10^8m^3	2.042	2.717	2.95								0.175	1.075
应急供气/(10^4m^3/d)	470	423	356	296	273	266	173	266	266	293	356	427

三、气库正常运行时调峰能力

气库正常运行调峰供气时，采气井井口最低压力按 9MPa 设计，气库正常运行时 14 口采气井调峰能力见表 2-9。

表 2-9　气库正常运行时调峰能力

井口压力/MPa	月份	地层压力(主块/文 92-47 块)/MPa	井底流压(主块/文 92-47 块)/MPa	最大稳产(主块/文 92-47 块)/(10^4m^3/d)	选用气量(主块/文 92-47 块)/(10^4m^3/d)	气库最大调峰量/(10^4m^3/d)			市场需调峰气量/(10^4m^3/d)
						主块 12 口井	文 92-47 块 2 口井	最大调峰量	
9	11 月	26.67/26.7	17.3/12	74.5/29.5	69/29	828	58	500	117
	12 月	21.32/21.44	14.8/11.3	56.2/21.4	56/21	672	48	500	300
	1 月	16.42/16.61	12.7/13.5	37.5/13.5	37/13	444	26	470	342
	2 月	13.61/13.84	11.6/10.9	25.0/8.3	25/8	300	16	316	225
	3 月	12.91/13.15	11.4/10.8	21.5/6.9	21.5/6	258	12	270	116

气库最大日调峰能力随着采气阶段的延长而逐步降低，运行至采气末期时，地层压力降至下限压力 12.91MPa 时，最大日调峰能力仅满足 $270\times10^4m^3/d$，但仍满足调峰供气要求。

四、突发事故气库应急能力预测

根据工艺计算，储气库应急供气时最低井口压力按7MPa设计，供气能力见表2-10。

表2-10 文96储气库应急能力预测

井口压力/MPa	月份	地层压力(主块/文92-47块)/MPa	井底流压(主块/文92-47块)/MPa	选用气量(主块/文92-47块)/($10^4m^3/d$)	气库最大应急能力/($10^4m^3/d$)			市场需应急气量/($10^4m^3/d$)
					主块12口井	文92-47块2口井	最大调峰量	
7	11月	26.67/26.7	16.4/10	67/30	804	60	500	427
	12月	21.32/21.44	13.38/9.3	59/23	708	46	500	500
	1月	16.42/16.61	11.5/8.9	42/18	504	36	500	470
	2月	13.61/13.84	10.2/8.7	34/16	407	16	423	423
	3月	12.91/13.15	9.9/8.5	29/12	344	12	356	356

最大日应急供气能力随着采气阶段的延长而逐步降低，在采气初期11月份至采气末期4月份时，地层压力高，应急能力可达$500×10^4m^3/d$；气库运行至采气末期3月份时，地层压力降至12.91MPa时，应急能力为$368×10^4m^3/d$，仍满足应急供气要求。

五、采气井口、集气工艺选择

天然气开采过程中怎样保证采气井口、集气管线不发生冻堵，也就是为防止采气井口、集气管线发生水化物冻堵问题，就要对采气工艺进行选择。一般采气工艺有三种：一是采气井口不加热、不节流高压输送工艺；二是采气井口不加热、节流注抑制剂低压输送工艺；三是采气井口加热、节流低压输送工艺。

天然气水化物形成与其组成有很大关系，重烃组分越多、相对密度越大，越容易形成水合物，形成水合物的三个必备条件是：足够高的压力；足够低的温度；有液态水存在。常用的解决方案有：对集气管线进行保温或者设置井口加热炉，使集气温度始终保持高于水化物形成温度；在井口设置抑制剂加注系统加注抑制剂。因此，在天然气开采过程中，要根据地面采气设施情况、当地气候情况合理选择采气、集气工艺。

中原油田文96气田建储气库属于枯竭开采式气藏建库，储气库采出天然气含重烃量少，不易形成水合物。采出天然气相对密度按0.7计算，压力下的水合物形成温度与按设计规范计算的集气最低温度见表2-11。

表2-11 水合物形成温度与按设计规范计算的集气最低温度

压力/MPa	22	20	18	16	14	12	10	8
水合物形成温度/℃	22.48	21.80	21.02	20.15	19.15	18.28	17.2	15.8
设计集气最低温度/℃	25.48	24.80	24.02	23.15	22.15	21.28	20.2	18.8

中原油田文96气田地处中原地带，地下水位较低，气温及地温相对较高，采气期11月份到来年的3月份输气管线埋深处地温6~20℃。同时储气库工作时采取强采强注工作模式，单井集气管线短，平均只有500m，根据注采工程方案，在采气调峰期内，为了保证气井的携液能力和进站温度，在满足调峰气量需求的条件下，尽量减少开井数，调峰期内最低气温条件下储气库气井运行参数见表2-12和表2-13。

表2-12　文96主块极低气温条件下采气井压力温度计算

月　份	极低气温/℃	地层压力/MPa	开井数/口	需求气量/[10^4m^3/(d·井)]	井口压力(节流后)/MPa	井底流压/MPa	井口温度(节流后)/℃	进站温度/℃
11月	-5.5	26.67	2	43.75	19.1(13.0)	23.8	52(38.95)	38.9
12月	-21	21.32	5	55.76	9.2	14.9	45.4	45.3
1月	-16.9	16.42	9	36.53	9.4	12.9	41.3	41.2
2月	-13.1	13.61	9	24.11	9.2	11.8	33.7	33.6
3月	-3.1	12.91	6	18.47	9.5	11.78	32.6	32.5

表2-13　文92-47块极低气温条件下采气井压力温度计算

月　份	气温/℃	地层压力/MPa	需求气量[10^4m^3/(d·井)]	井口压力/MPa	井底流压/MPa	井口温度/℃	进站温度/℃
11月	25.9	26.70	29.5	9.10	12.1	52	47
12月	16.2	21.44	21.2	9.36	11.7	44.7	39.7
1月	17.5	16.61	13.2	9.30	11.3	38.4	33.4
2月	19.3	13.84	8.0	9.20	11.0	36.5	31.5
3月	26.6	13.15	6.2	9.30	11.1	35.8	30.8
11月	-5.5	26.70	29.5	9.10	12.1	37.8	32.8
12月	-21	21.44	21.2	9.36	11.7	24.4	19.4

从表中就可以看出，文96主块在极端气温条件下节流后温度、到集注站内温度始终保持高于水合物形成温度，因此，文96储气库采气工艺选择采气井口不加热一级节流低压输送技术，集气温度不低于24℃，即集注站内选用甘醇脱水工艺时，采气井口不加热一级节流，依靠自身压力输送到集注站，在站内由自力式调节阀将阀后压力调节到不大于9MPa，然后进行流量调节后进行脱水处理；集注站内选用节流-丙烷制冷脱水工艺时，采气井口不加热一级节流，依靠自身压力输送到集注站，在站内由自力式调节阀将阀后压力调节到不大于13MPa，然后进行流量控制、进行脱水处理(压力低于12MPa时采用丙烷制冷脱水)，单井集输管线采用$D168.3mm\times11.0mm$保温管线。表中，文92-47块只有在极低气温条件下的1月份、2月份集气温度低于水合物形成温度，在实际生产中，在调峰初期地温相对较高的11月份、12月份时，优先动用文92-47块天然气储备进行生产，以避开在其他温度较低的月份生产。

六、注、采气管线管径计算

1. 管径初选

注气井的注气管线与采气时共用一条管线，管径设计满足最大采气时对管径的要求，壁厚按注气压力26MPa设计。

$$d=\sqrt{\frac{4Q}{\pi v}} \tag{2-1}$$

式中 Q——管道给定流量，m^3/s；

v——经济流速，m/s；

d——管内径，cm。

采气管线管道内径在选取时，考虑一部分液量等因素，根据计算选择 $DN150$ 的管子。

2. 水力核算

根据《油气集输设计规范》(GB 50350—2005)，集气管道流量采用式(2-2)计算($\Delta h \leqslant 200m$)：

$$q_v=5033.11d^{8/3}\sqrt{\frac{p_1^2-p_2^2}{\Delta ZTL}} \tag{2-2}$$

式中 q_v——管道计算流量，m^3/d；

p_1、p_2——管道起点和终点压力(绝压)，MPa；

d——管内径，cm；

Z——气体压缩系数；

Δ——气体相对密度；

T——气体平均温度，K；

L——管道计算段长度，km。

单井集输管线长度0.5km；采用 $DN150$ 管线在 $p_1=7MPa$、$p_2=6.5MPa$ 的条件下，管线最大输量为 $64.67\times10^4m^3/d$，满足应急供气要求。

七、注、采气管线壁厚计算

根据《油气集输设计规范》(GB 50350—2005)的要求，采用式(2-3)计算管道壁厚：

$$\delta=\frac{pD}{2\sigma_s\phi F}+C \tag{2-3}$$

式中 δ——钢管计算壁厚，mm

p——设计压力，MPa；

D——管道外径，mm；

σ_s——管材最低屈服强度，MPa；

ϕ——焊缝系数；

F——强度设计系数，0.6；

C——管道腐蚀裕量。

经计算，壁厚取11mm；采气管线规格为 $D168.3mm\times11.0mm$，材质L390。

八、CO_2 腐蚀控制

在考虑选择采气井口、集气工艺时，还应考虑天然气中二氧化碳(CO_2)腐蚀问题。由于二氧化碳溶入水后对钢铁有极强的腐蚀性，故当水在管材表面上凝结后会使管材遭受严重腐蚀，使集输管线发生腐蚀穿孔，特别是在储气库注采初期，采出气含饱和水蒸气。根据储气库地质方案，采出气中 CO_2 含量为 0.8642%，对于腐蚀严重程度，可以通过分析计算压力系统中 CO_2 分压来判断系统中是否存在 CO_2 腐蚀的可能性或程度。API Spec 6A 规定了 CO_2 腐蚀的判断数据标准，详见表 2-14。

表 2-14 关于 CO_2 腐蚀的判断标准

流 体	CO_2 分压/MPa	相对腐蚀性
一般流体	<0.05	无
	0.05~0.21	轻
	>0.21	中等—严重
酸性环境	0.05~0.21	轻
	>0.21	中等—严重

储气库采出天然气组成见表 2-15。

表 2-15 CO_2 分压计算表

集气压力/MPa	干线组分 CO_2 分压/MPa	集气压力/MPa	干线组分 CO_2 分压/MPa
21.5	0.1806	8.5	0.0714

由表 1-25 可见，外来气的 CO_2 含量 0.8642%，集气压力上限 21.5MPa，CO_2 分压计算为 0.1806MPa，腐蚀环境为轻度腐蚀等级，可以不考虑管线腐蚀问题，以上分析也说明，采用较低的集气压力，在一定程度上可以减轻 CO_2 对集气管线的腐蚀性，选择较低的集气压力也更安全。

第四节 集注站工艺

一、平面布置

1. 平面布置原则

(1) 严格执行《石油天然气工程设计防火规范》(GB 50183—2004)和《建筑设计防火规范》(GB 50016—2006)；平面布置符合防火、防爆及安全卫生要求。

(2) 平面布置在考虑安全生产、方便操作、检修和施工的前提下，同类设备集中布置，力求做到流程简洁、通畅。

2. 平面布置

站场分为办公区、压缩机区和生产装置区。站的东部为办公区，设综合办公楼 1 栋、消防罐1座和消防水泵房。综合办公楼里包括仪表、配电等；压缩机区在站的西边，设压缩机房(42m×23m)1栋，内有3台电驱压缩机；生产装置区设在站的中部，设注采气阀组、分离脱水装置等。文留集注站征地面积(198+40+2)m×(98+2)m+25m×45m＝25125m²。

二、工艺流程

文96集注站站内工艺流程分注气工艺和采气工艺两个部分。

三、辅助流程

文96集注站辅助流程包括放空系统流程和排污系统流程。放空管线汇入放空总管后，输送到站外放空火炬进行放空，满足安全和环保要求。过滤分离器、收球装置以及汇气管排污管道汇入排污总管后，将系统中部分凝液输送到文三联合站进行处理。

四、主要设备选型

文96集注站采用的主要设备包括过滤分离设备、收球装置和各类阀门等，根据各种设备的使用功能需求，其选型考虑如下：

1. 过滤分离设备

站内设置过滤分离器，以除去天然气中的小粒径粉尘和可能携带的少量液体。本书中分离设备选用具有过滤效率高、噪声低、摩阻小、维护量小、使用寿命长等优点的过滤分离器。过滤分离器属于精细分离设备，需定时更换滤芯。

2. 收球装置

输气管道建成投产以前，应进行管道清扫，将管内施工遗留下来的杂质及试压水清除出去。投产后，为提高输气效率，也需要定期清管，以清除管内的固体颗粒及其他杂质，并能检测输气管道的腐蚀等情况。站场采用能通过智能清管器的清管收发装置，在清丰分输站内设有清管球发送装置，在文96集注站内设收球装置，清管球收发装置可以在不停气的情况下接收各种清管器和检测器。清管时，需要有操作人员到现场，借助清管小车等辅助设施进行清管作业。

3. 阀门

站场内所选用的各种阀门除满足其功能要求外，还应具有密封性能好、使用寿命长、操作维护方便，以及价格便宜的特点。

1）干线截断阀

进站截断阀是站内的重要设备，当输气管道发生破损时，为尽可能减少损失和防止事故扩大，在进站入口处设置截断阀，根据管道内气体的压降速率来实现阀门的自动关闭。

进站截断阀拟采用气液联动全通径球阀。

2）球阀

站内进、出清管器的球阀选用全通径球阀。

站场内，需要进行流程切换的阀门应配备有电动执行机构，进站、出站的ESD阀配备气液联动执行机构。

3）零泄漏阀门

为了保证计量的准确性，流量计前、后的阀门选用零泄漏球阀，这种阀门具有内、外零泄漏的特点。

4）排污阀和放空阀

排污阀和放空阀分别采用密封性能好、使用寿命长、噪声小，耐冲刷的阀套式排污阀和节流截止放空阀，收球筒的平衡阀采用双作用节流截止阀。

5）安全阀

为确保输气干线和文96集注站的安全、平稳运行，按《输气管道设计规范》（GB 50251—2003）中有关设置泄压放空设施的要求，在文96集注站进站截断阀之前设置压力安全阀，安全阀拟选用超高压泄放动作灵敏、泄放能力大、复位准确、密封可靠、工作稳定性好的先导式安全阀。

4. 放空系统

1）放空火炬

为满足环保和安全要求，文96集注站放空系统设置放空火炬，放空火炬设置在站西北侧90m处，其防火间距已满足《石油天然气工程设计防火规范》（GB 50183—2004）的规定。当天然气停气整改时，天然气管段内的天然气需要停气放空，放空量为$32\times10^4m^3$。

放空火炬采用电点火装置，作为单井来气或输气干线事故放空时的点火设施，将放空天然气在火炬顶部点燃，为保证点火的可靠性，采用高压电点火及外传火点火两种点火方式。

该点火装置在站场内及火炬区两处均设点火操作点，并可让天然气燃烧器单独作为长明灯使用，该点火装置包括火炬燃烧器1个、高压点火系统2套、地面点火系统1套。

2）放空管

文96集注站场内检修放空或事故放空采用放空管。

5. 凝液罐

站内设凝液罐，可实现凝液密闭回收。

第五节　线路工程

一、选线原则

根据设计标准以及管道所经地区的地形、地貌、交通、工程地质等条件，结合文96储气库工程特点，确定以下选线原则：

（1）线路走向力求顺直、平缓，以节约钢材、减少投资。

（2）尽可能靠近或利用现有铁路、公路，以方便管道施工和维护管理。

（3）尽量避开施工难度较大和不良工程地质段，确保管道可靠、安全运行，确有困难时，选择合适的位置和方式通过，并采取相应的工程措施。

（4）大中型穿（跨）越位置选择符合线路总体走向，其局部走向根据实际情况进行调整，尽量减少穿（跨）越段的工程量和施工难度。

（5）线路路由与地方的城镇规划、矿产资源、铁路及公路的规划建设相协调，尽量避开人口稠密区。

(6) 尽量避开多年经济作物区域和重要的农田基本建设设施。

(7) 避开城市的水源保护区及国家级风景名胜区。

二、线路走向

文 96 储气库输气干线起点是清丰县瓦屋东南侧的清丰分输站，管线往南偏东方向穿越 S101 省道进入濮阳县境内，终点是新建的文 96 集注站。其中，在瓦屋附近穿越 S101 省道往东南方向，沿线经呼沱村东、大没岸和东没岸之间向南，途径柳屯镇东穿越濮台铁路，再向南穿越金堤河后，在左枣林和后白楼之间向东南，经马庄、前盆庄、侍郎寨、新车庄到文 96 集注站。线路总长 21. 041km。

该段线路穿(越)省道 1 处、铁路 1 处、中小型河流 1 条。管道沿线设站场 1 座，线路截断阀室 1 座。

第六节　线 路 设 计

一、地区等级划分标准

按照《输气管道设计规范》(GB 50251—2003)的有关规定，沿管道中心线两侧各 200m 范围内，任意划分成长度为 2km 并能包括最大聚居户数的若干地段，按划定地段内的户数划分为四个等级。在农村人口聚集的村庄、大院、住宅楼，应以每一独立户作为一个供人居住的建筑物计算。

一级地区：户数在 15 户或以下的区段。

二级地区：户数在 15 户以上、100 户以下的区段。

三级地区：户数在 100 户或以上的区段，包括市郊居住区、商业区、工业区、发展区以及不够四级地区条件的人口稠密区。

四级地区：系指四层及四层以上楼房(不计地下室层数)普遍集中、交通频繁、地下设施多的区段。

当划分地区等级边界线时，边界线距最近一幢建筑物外边缘应大于或等于 200m。

在一级、二级地区内的学校、医院以及其他公共场所等人群聚集的地方，应按三级地区选取设计系数。

当一个地区的发展规划，足以改变该地区的现有等级时，应按照该发展规划划分地区等级。

管道沿线地区等级的划分应考虑施工的可操作性，地区等级不宜频繁变化，以方便施工和管理。

线路的地区等级划分除严格遵守规范的要求外，结合工程实际，另考虑管道较长段落与三级道路交叉次数多，考虑来往车辆及人类活动频繁，应适当提高地区等级。

二、沿线地区等级划分

根据以上地区划分等级原则及现场实际情况，沿线的地区等级划分见表 2-16。

表 2-16 沿线地区等级划分

省份	地区	途径县市	通过长度及等级/km				小计/km
			一级	二级	三级	四级	
河南省	濮阳市	清丰县	0	0	0.3	0	0.3
		濮阳市			20.7		20.7

三、不同地区的管道设计系数

按照《输气管道设计规范》(GB 50251—2003)的要求，对通过不同地区等级的管道采用不同的强度设计系数，经管道强度计算确定管道的用管壁厚。通过采用增加管道强度(加大用管壁厚、降低通过高等级地区管道的应力)、缩短线路阀室的设置间距、适当加大管道埋深、加强管道环向焊缝的质量检查等方法满足通过高等级地区的管道安全，减少外部活动可能对管道造成的破坏。

一般线路设计系数按表 2-17 确定。

表 2-17 一般线路设计系数表

地区等级	强度设计系数 F	地区等级	强度设计系数 F
一级地区	0.72	三级地区	0.5
二级地区	0.6	四级地区	0.4

穿越铁路、公路和人群聚集场所的管段一级输气站内管道的强度设计系数，按表 2-18确定。

表 2-18 穿越铁路、公路及输气站内管道的强度设计系数

管道及管段	地区等级			
	一级	二级	三级	四级
	强度设计系数 F			
有套管穿越三级、四级公路的管道	0.72	0.6	0.5	0.4
无套管穿越三级、四级公路的管道	0.6	0.5	0.5	0.4
有套管穿越一级、二级公路、高速公路、铁路的管道	0.6	0.6	0.5	0.4
输气站内管道及其上、下游各 200m 管道，截断阀室管道以及上、下游各 50m 管道(其距离从输气站与阀室边界线起算)	0.5	0.5	0.5	0.4
人群聚集场所的管道	0.5	0.5	0.5	0.4
冲沟穿越	0.6	0.5	0.5	0.4
小型冲沟、水域穿越	0.72	0.6	0.5	0.4
大、中型水域穿越	0.6	0.5	0.4	0.4
隧道穿越	0.6	0.5	0.5	0.4

第七节 管道敷设

一、管道敷设方式及埋深

根据管道沿线的地形、地貌、工程地质、水文地质以及气候条件，一般地段管道采取直埋敷设方式。管顶埋设深度要考虑管线区的最大冻土层深度和耕作深度，地面荷载等对管道刚度的影响以及管道稳定要求，为防止管道发生低温脆性断裂等不利情况，普通地区管顶埋深大于规范规定值，管顶埋深≥1.0m。根据沿线实际情况，管顶埋深为1.2m。

管道以采用埋地敷设为主。沟上焊时，管沟横断面参数见表2-19。

表2-19 管道管沟断面形式

<table>
<tr><th rowspan="2">土壤名称</th><th rowspan="2">边坡比</th><th colspan="2">沟底宽/m</th><th>沟深/m</th></tr>
<tr><th>旱地</th><th>沟内有积水</th><th>旱地</th></tr>
<tr><td>粉细砂</td><td>1∶1.5~1∶1.0</td><td rowspan="3">1.1</td><td rowspan="3">1.3</td><td rowspan="2">1.8</td></tr>
<tr><td>亚砂土、卵砾石</td><td>1∶0.67</td></tr>
<tr><td>粉土、亚黏土</td><td>1∶0.5</td><td>1.8</td></tr>
</table>

当管沟深度大于3m而小于5m时，沟底宽可适当加宽，沟深超过5m时，应根据土壤类别及物理力学性质确定底宽，并将边坡适当放缓或加筑平台；在农田地区开挖管沟时，应将表层耕作土和底层生土分层堆放。

二、管道转角

管道在水平和纵向的转角较小时，应优先采用弹性敷设来实现管道方向改变，以减小局部摩阻损失和增强管道的整体柔韧性，弹性敷设的曲率半径$R\geqslant 1000D$，且满足式(2-4)计算值。

1. 计算公式

$$R\geqslant 3600\sqrt{\frac{1-\cos\frac{\alpha}{2}}{\alpha^4}D^2} \tag{2-4}$$

式中 R——管道弹性弯曲曲率半径，m；

D——管道外径，cm；

α——管道的转角，(°)。

2. 计算结果

计算结果见表2-20。

在弹性敷设受地形、地物及场地限制难以实现，或虽能施工，但土方量过大时，优先采用曲率半径为$40D$的现场冷弯弯管，其次采用曲率半径为$6D$的热煨弯头。

表 2-20　计算结果

钢管外径/mm	508					
转角	3°	3°30′	4°	4°30′	5°	5°30′
曲率半径/m	799	721	660	610	569	534
切线长/m	20.91	22.02	23.02	23.95	24.80	27.29
弧长/m	41.82	44.02	46.02	47.87	49.57	51.18
外矢矩/m	0.27	0.34	0.40	0.47	0.54	0.70

弯头度数说明：

1）热煨弯头

（1）线路热煨弯头的曲率半径为 $R=6D$。

（2）热煨弯头按每 4°一个台阶系列化进行制作，热煨弯头两端各带 0.5～1m 长直管段；设计中，在±2°范围内选用热煨弯头使用角度，现场施工中采用微调管沟进行就位和安装。

（3）热煨弯头采用直缝埋弧焊钢管制作。

2）冷弯管

（1）现场冷弯弯管的最小曲率半径 $R=40D$。

（2）单根现场冷弯管的使用角度为 6°～22°。

（3）平面转角在地形条件许可且经济的情况下，在施工中可以考虑采用多个冷弯管连接改变线路走向。

（4）每根现场冷弯管的弯曲段两侧应至少各有 2m 长的直管段。

（5）冷弯管使用的管子由与所在线路段等壁厚的直缝埋弧焊钢管制作。

三、管道占地及建(构)筑物拆迁

管道线路占地分为永久占地和临时占地。永久占地主要是桩位、伴行路和阀室占地，临时占地主要为施工作业带、施工便道等。

1. 永久占地

管线永久占地包括阀室、标志桩、伴行路、水工保护等。

（1）阀室征地按 553m² 考虑。

（2）每个标志桩、测试桩永久占地按 1.0m² 考虑。

2. 临时占地

管道临时占地主要有以下几个方面：

（1）施工作业带，按 16～18m 宽计。

（2）穿越工程临时占地。

（3）防腐厂临时占地。

（4）堆管及设备、材料存放用地。

（5）施工临时便道，按 6m 宽计。

3. 建(构)筑物拆迁

管道线路选定走向时，应尽量避开集中的建(构)筑物。

四、特殊地段管线处理

该段管道主要以平原为主，相对而言地质灾害形式较少，对管道安全有一定影响的地质灾害为采空、塌陷两种。其余地质灾害对管道的影响不明显，管道局部地点经过这些地质灾害时，可参照榆林—济南输气管道陕西、山西段的处理措施对管道进行防护。

五、管材、管件

1. 制管标准

本工程输送的天然气符合我国《天然气》(GB 17820—1999)，标准的Ⅰ级气质，对管道腐蚀轻微；输气管道设计压力为8.0MPa，在国内属于高压气管道。针对上述特点，选择API Spec 5L《管线管规范》作为钢管选用标准。弯管制作应参照《油气输送用钢制弯管》(SY/T 5257—2004)执行。

2. 制管原则

线路用管选用基本原则是：

(1) 保证钢管质量可靠、生产技术先进、价格经济合理。

(2) 应满足介质的特性、设计压力、环境温度、敷设方式以及所在地区等级的要求。

(3) 保证钢管具有满足管道要求的刚性、强度、韧性和可焊性，并尽量减少耗钢量。

(4) 氢致开裂(HIC)是输气管道失效的原因之一，HIC主要与H_2S分压等因素有关。由于从钢材冶炼上考虑抗HIC性能将增加钢板的生产难度和投资费用，因此，本工程应以控制气质指标为主，含硫量和介质的pH值必须满足有关标准要求，不合格的气体不允许进入输气管道。

3. 制管方式

用于长输管道的钢管成型方式通常有螺旋缝钢管和直缝钢管两种。

螺旋缝埋弧焊钢管具有受力条件好、止裂能力强、刚度大、价格便宜等优点，但因其焊缝较长，出现缺陷的概率要高于直缝管；在制作过程中，焊缝呈一条空间螺旋线，焊缝质量不如直缝管容易控制；我国的螺旋管焊后钢管不扩径，几何尺寸精度不如直缝管；焊缝不进行热处理，从而在管材内部存在较大的残余应力，使得钢管在使用时，容易产生应力腐蚀；焊缝绕管周布置，制作弯管时，焊缝受力条件不好，因此，一般不宜用来制作热煨弯管。

直缝钢管焊缝长度短，出现质量问题的概率小。其中，直缝电阻焊钢管是非填充金属的焊接钢管，在小口径管线上广泛采用，具有焊缝平滑、外形尺寸精度高等优点，缺点是受加工工艺过程的限制，钢管的外径和壁厚不能太大，我国目前可生产ϕ508mm以下的直缝电阻焊钢管。直缝埋弧焊钢管成型过程和焊接过程分开进行，从而使焊缝质量可靠性强，焊后钢管通常要进行扩径和热处理两道工序，这就基本消除了管材内部的残余应力，提高了钢管的强度和韧性指标，此外管子有严格稳定的尺寸，切割后易组装，制成弯管时，焊缝放在弯曲中性面上，焊缝受力小，便于加工弯头、弯管。

文96地下储气库工程输气干线管道直径为508mm，根据国内外输气管道建设的经验，本项目确定以下用管类型：

(1) 管线所处一级、二级、三级地区，一般直管段采用螺旋缝埋弧焊(SSAW)钢管。

(2) 所用弯管、弯头一律采用直缝埋弧焊(LSAW)钢管进行制作。

(3) 中型河流穿越、二级及二级以上公路穿越、铁路穿越一律采用直缝埋弧焊(LSAW)钢管。

(4) 灾害性地质段采用直缝埋弧焊(LSAW)钢管，根据应力分析选取壁厚。

4. 钢管等级的选择

建设长输管道，安全性和可靠性必须要放在第一位。因此，选择制管所需板材的生产技术应是成熟的、稳定的和可靠的，从管材性能(强度、韧性、可焊性)、经济性、设计压力、管径与管材相匹配几个方面进行综合考虑。ϕ508mm管材选择与榆林—济南管道濮阳支线相一致的管材，材质为X60钢级。

六、壁厚计算

根据《输气管道工程设计规范》(GB 50251—2003)的要求，采用式(2-5)计算管道壁厚：

$$\delta=\frac{pD}{2\sigma_s\phi Ft} \tag{2-5}$$

式中　δ——钢管计算壁厚，cm；

p——设计压力，MPa；

D——管道外径，cm；

σ_s——管材最低屈服强度，MPa；

ϕ——焊缝系数，取1；

F——强度设计系数，三级地区取0.5，中型水域取0.5，公路、铁路穿越取0.5；

t——温度折减系数，当温度<120℃时，$t=1$。

输气管道的强度设计系数按照《输气管道工程设计规范》(GB 50251—2003)以及《油气输送管道穿越工程设计规范》(GB 50423—2007)的规定。

按照《输气管道工程设计规范》(GB 50251—2003)，热煨弯头的壁厚计算需满足式(2-6)：

$$\begin{gathered}\delta_b=\delta\cdot m\\ m=\frac{4R-D}{4R-2D}\\ c=\frac{\delta_{bX}-\delta'_b}{\delta_{bX}}\times100\%\\ \delta_b'>\delta_b\end{gathered} \tag{2-6}$$

式中　D——热煨弯头外直径；

R——热煨弯头曲率半径，$R=6D$；

m——热煨弯头的壁厚增大系数；

δ——弯头所连接的直管段计算壁厚，mm；

δ_b——热煨弯头计算壁厚，mm；

δ_{bX}——热煨弯头选取壁厚，mm；

δ_b'——考虑壁厚减薄后的热煨弯头最小壁厚，mm；

c——热煨弯头的壁厚减薄率，取 10%。

本工程距离较短，考虑材料订货和现场施工等原因，主管壁厚选用统一壁厚，弯管、弯头选用一种型号。因此，按照以上公式通过计算，得到圆整后钢管壁厚，见表 2-21 和表 2-22。

表 2-21 管道钢管壁厚

地区级别	设计压力/MPa	管道外径/mm	X60	
			计算壁厚/mm	选择壁厚/mm
三级	8.0	508	9.8	11.0

表 2-22 热煨弯头壁厚

地区级别	设计压力/MPa	管道外径/mm	X60	
			计算壁厚/mm	选择壁厚/mm
三级	8.0	508	10.45	12.5

由于该工程直缝管用量较少，为便于管材采购，考虑冷弯弯管与热煨弯管均采用 12.5mm 壁厚直缝管。

七、管道强度及稳定性校核

当管道壁厚和材质确定后，还要根据管道的工作条件和环境状况进行强度、稳定性校核。

1. 直管段

按照《输气管道工程设计规范》(GB 50251—2003)规定，对埋地管道需要进行管道强度校核。校核公式如下：

$$\delta_e = \delta_h - \delta_L < 0.9\delta_s$$

$$\delta_L = \mu\delta_h + E\alpha(t_1 - t_2) \qquad (2-7)$$

$$\sigma_h = \frac{Pd}{2\delta}$$

式中 δ_e——当量应力，MPa；

δ_h——由内压产生的环向应力，MPa；

δ_L——轴向应力，MPa；

E——钢材的弹性模量，取 2.07×105MPa；

α——钢材线膨胀系数，取 1.2×10^{-5}m/(m · ℃)；

μ——泊松比，取 0.3；

P——设计压力，MPa；

d——管道内径，mm；

δ——管道壁厚，mm；

δ_s——管材最小屈服强度，MPa；

t_1——管道下沟回填时的温度，取 10℃；

t_2——管道的工作温度，取 60℃（按最大温差 50℃）。

根据式(2-7)，计算结果见表 2-23。

表 2-23　干线直管段强度校核结果

设计压力/MPa	管径/mm	壁厚/mm	环向应力/MPa	下沟温度/℃	工作温度/℃	轴向应力/MPa	当量应力/MPa	许用应力/MPa
8.0	508	11.0	197.3	10	60	-65.02	262.3	373.5

由表 2-23 可以看出，干线当量应力均小于许用应力，且均满足强度要求。

2. 管道稳定性校核

按照《输气管道工程设计规范》(GB 50251—2003)规定，埋地管道采用的钢管，其外径与壁厚之比一般不宜大于 140，使管道具有一定的刚度，以保持管道在外荷载作用下的稳定性。本工程管道外径与壁厚之比见表 2-24。

表 2-24　管径壁厚比

管径/mm	壁厚/mm	管径/壁厚
508	11.0	46.12

根据表 2-24 可知，管道外径与壁厚之比均满足规范中小于 140 的要求，所以能满足刚度要求。

3. 混凝土套管穿越铁路、高等级公路段

本工程铁路穿越段和公路穿越段均采用钢筋混凝土套管，使气体输送管道不承受外力。

根据以往工程经验，穿越铁路钢筋混凝土套管一般由铁路部门设计并施工，是铁路部门专用钢筋混凝土套管，在此暂不做强度校核。

公路穿越采用 DRC1200×2000GⅡAJC/T640 钢筋混凝土套管穿越，计算实际荷载为 61.7kN/m，而其许用荷载为 78.2kN/m。因此，本工程所用钢筋混凝土套管穿越高等级公路满足强度要求。

八、管道抗震

根据《油气输送钢质管道线路工程抗震技术规范》(GB 50470—2008)的规定，管道通过地震动峰值加速度为≥0.2g 地区时，应进行地震强度校核。本工程管道地震动峰值加速度为 0.15g，按以下公式进行校核。

1. 地震波作用下所产生的最大轴向应变

$$\varepsilon_{max} = \pm \alpha T_g / (4\pi C) \tag{2-8}$$

式中 α——设计地震动峰值加速度，m/s^2；

T_g——地震动反映谱特征周期；

C——场地剪切波速，m/s；

ε_{max}——地震波引起的最大管道轴向应变。

2. 操作条件下荷载(内压、温差)引起的管道轴向应变

$$\varepsilon = \sigma_a / E$$

$$\sigma_L = \mu\sigma_h + E\alpha(t_1 - t_2)$$

$$\sigma_h = Pd/(2\delta_n) \tag{2-9}$$

式中 ε——操作条件下管道的轴向应变；

σ_a——管段在操作条件下的轴向应力，MPa；

σ_h——由内压引起的管道环向应力，MPa；

α——钢材线膨胀系数，1.2×10^{-5}m/(m·℃)；

μ——泊松比，取0.3；

P——管道设计内压，MPa；

δ_n——管子公称壁厚，mm；

d——管子内径，mm；

E——钢材的弹性模量，2.07×10^5MPa；

t_1——管道下沟回填时温度，取35℃；

t_2——管道的工作温度，取0℃。

3. 管道抗震校核

当 $\varepsilon_{max}+\varepsilon \leqslant 0$ 时：

$$|\varepsilon_{max}+\varepsilon| \leqslant [\varepsilon_c]_v$$

当 $\varepsilon_{max}+\varepsilon > 0$ 时：

$$\varepsilon_{max}+\varepsilon \leqslant [\varepsilon_t]_v$$

式中 ε_{max}——地震波引起的最大管道轴向拉应变、压应变；

ε——操作条件下管道的轴向应变；

$[\varepsilon_c]_v$——埋地管道抗震动的轴向容许压缩应变；

$[\varepsilon_t]_v$——埋地管道抗震动的轴向容许拉伸应变。

4. 埋地管道抗震的轴向容许应变

容许压缩应变按式(2-10)计算：

$$[\varepsilon_c]_v = 0.35\delta/D \tag{2-10}$$

式中 δ——管子壁厚，mm；

D——管子外径，mm。

容许拉伸应变按表2-25选取。

表 2-25　管道容许拉伸应变值

拉伸强度极限 σ_b/MPa	容许拉伸应变$[\varepsilon_t]_v$/%	拉伸强度极限 σ_b/MPa	容许拉伸应变$[\varepsilon_t]_v$/%
$\sigma_b<552$	1.0	$793\leqslant\sigma_b<896$	0.8
$552\leqslant\sigma_b<793$	0.9		

5. 计算结果

对管道穿越段选择最不利的场地类型，场区最大地震动峰值加速度为 0.15g，最不利的管道壁厚(一类地区)进行校核，管道地震应变校核结果见表 2-26。

表 2-26　管道地震应变校核结果

管道规格/mm	容许最大压缩应变/%	容许最大拉伸应变/%	计算压缩应变/%	计算拉伸应变/%
D508 X11.0	0.709	1	0.0298	0.0314

由表 2-26 可以看出，管道计算压应变和拉应变均小于允许应变，因此，管道通过本工程地震动峰值最大加速度 0.29g 地区是安全的，可不采取特殊的抗震措施。表 2-27 为钢管用量表。

表 2-27　钢管用量

钢管规格/mm	材质	长度/m
螺旋缝埋弧焊钢管 ϕ508×11	X60	17580
直缝埋弧焊钢管 ϕ508×12.5	X60	3460
合计		21040

第八节　穿(跨)越工程

一、河流穿越

本工程管道所经地区穿越河流均为中、小型河流。小型河流穿越可采用开挖穿越方式，中型河流根据具体情况来选择适当的施工方法，可采用开挖或定向钻穿越，并考虑管道的抗震措施。开挖穿越宜利用枯水期，在水流量较小、水深较浅时开挖管沟。

小型河流穿越的管顶埋深应不小于最大冲刷线或疏浚规划线下 0.5m，若冲刷深度不详，管顶埋深应不小于 1.5m。

本工程河流穿越名称详见表 2-28。

表 2-28　河流、水渠穿越一览表

序　号	河流名称	次数/次	河流、水渠宽度/m	施工措施
1	金堤河	1	128	定向钻
2	金堤河	1	20	开挖
3	灌溉渠	14	206(合计)	开挖

二、公路穿越

公路穿越应根据公路的等级、路基地质、填土高度、地形条件等具体情况分别采用大开挖穿越方式、顶管穿越方式。高速公路和一级、二级公路穿越采用顶钢筋混凝土套管穿越方式。三级、四级公路和无等级公路尽量通过调整埋深采用不带套管开挖直埋穿越。

公路穿越技术要求如下：

（1）管道穿越公路时，保护套管或输气管道顶距公路路面>1.2m，距公路边沟沟底>0.9m。尽量正交穿越，受地形、地物限制时，不应小于60°。

（2）大开挖穿越造价低，施工简单，不受路基地质、地形的影响，宜优先采用。开挖穿越公路时，首先应得到公路部门的批准，两侧设置警示标志，一般按半侧开挖法，尽量不中断交通。

（3）顶管穿越适用于高等级公路且公路两侧地面高差不大的情况，先用顶管机顶进混凝土套管，而后在套管内穿入管道。

（4）管道穿越通车道路时尽量设保护套管，保护套管规格为*DN*1200。套管选用钢筋混凝土排水管，相关标准参见《顶进施工法用钢筋混凝土排水管》(JC/T 640—1996)。一般地段套管应伸出路基坡脚或路边沟外2m。

（5）为保护管线，工艺管线与套管之间必须加隔离支架进行保护。

（6）穿路套管内均有一根光缆套管通过，光缆套管应位于主管正上方贴近套管内壁处。

（7）本工程主要公路穿越名称详见表2-29。

表2-29　穿越公路明细表

序　号	名　称	路面宽度/m	穿越方式	备　注
1	S101	16	顶管	
2	柳屯镇县道	20	顶管	
3	文三联沥青路	8	顶管	
4	文留乡沥青路	10	顶管	
5	经营管理六区路	6	顶管	
6	乡级沥青路	10	顶管	
7	乡级沥青路	6	顶管	
8	水泥路	4(6条)	顶管	路边有水渠

三、铁路穿越

穿越铁路一般由铁路部门指定的队伍进行施工，穿越铁路技术要求如下：

（1）穿越铁路一般采用顶管穿越方式，采用*DN*1200的保护套管，顶进用钢筋混凝土管的承载能力满足铁路部门的要求。混凝土管顶进施工一般由铁路部门承担，钢筋混凝土套管应伸出铁路路基坡脚外2m。

(2) 保护套管管顶距铁路轨枕>1.8m，距铁路边沟沟底>0.9m，尽量正交穿越，当受地形、地物限制时，不应小于45°。

为保护管线，工艺管线与套管之间必须加隔离支架进行保护。

本工程穿越铁路名称详见表2-30。

表2-30 穿越铁路一览表

序 号	名 称	所在地区	穿越宽度	穿越方式
1	濮台铁路	濮阳县	20m	顶管

四、与地下构筑物的交叉

本管道沿线与地下管道、地下电缆等地下构筑物交叉较多，主要与中原油田集输地下管道、电缆光缆交叉。当输气管道与已建地下构筑物交叉时，管道敷设按照《输气管道工程设计规范》(GB 50251—2003)第4.3.12条要求执行。

一般情况下，管道与其他埋地构筑物交叉原则上应位于先建构筑物的下方。

(1) 与管道交叉时，两管间净距不小于0.3m，并在交叉位置采取放置废旧轮胎等方法将两管道隔离。

(2) 与电缆交叉时，管道与电缆净距不小于0.5m，当与电缆交叉时，还要对电缆采取保护措施，如用角钢围裹住电缆，在电缆上方铺一层砖等。

(3) 与架空高压线交叉时，交叉点两侧管道要采取防腐加强措施。

第三章　主要设备技术规格书

第一节　板翅式换热器

一、前言

本技术规格书规定了用于文 96 地下储气库工程的脱水系统的板翅式换热器的设计、材料、制造、检验和试验的最低要求。

二、相关资料

1. 引用标准

下列文件中的条款通过本技术规格书的引用而成为本技术规格书的条款。凡是标注日期的引用文件，其随后所有的修改单或修订版均不适用于本技术规格书，然而，鼓励根据本技术规格书达成协议的各方研究是否可使用这些文件的最新版本。凡是不注日期的引用文件，其最新版本适用于本技术规格书。

《铝制板翅式换热器技术条件》(JB/T 7261—1994)；

《铝制板翅式换热器型号编制方法》(JB/T 7262—1994)；

《铝制板翅式换热器 产品质量分等》(JB/T 50017—1999)；

《铝制焊接容器》(JB/T 4734—2002)；

《变形铝及铝合金化学成分》(GB/T 3190—1996)；

《流体输送用不锈钢无缝钢管》(GB/T 14976—2002)；

《高压化肥设备用无缝钢管》(GB 6479—2000)；

《输送流体用无缝钢管》(GB/T 8163—2008)；

《压力容器安全技术监察规程(1999 版)》(国家质量技术监督局)；

《压力容器涂敷与运输包装》(JB/T 4711—2003)；

《承压设备无损检测》(JB/T 4730—2005)；

《钢制管法兰、垫片、紧固件》(HG 20592~20635—2009)；

《钢结构工程施工质量验收规范》(GB 50205—2001)；

《钢制对焊无缝管件》(GB/T 12459—2005)。

2. 业主文件

业主应把本技术规格书及与本技术规格书相关的文件提供给供货商。与本技术规格书相关的文件如下：

1）规格书

SPC-0001 腐 01-02 设备、阀门外涂层技术规格书。

2）数据表

板翅式换热器数据表文件号见表 3-1。

表 3-1 板翅式换热器数据表

文件号	名 称	版 次	页 数
DDS-0001 加 01-02	板翅式换热器数据表	2	2

3. 优先顺序

应遵照下列优先次序执行：

（1）数据表。

（2）本技术规格书。

（3）规范和标准。

若本规格书与有关的其他规格书、数据表、图纸以及上述规范和标准出现相互矛盾时，应按照最为严格的执行。

供货商若有与以上文件不一致的地方，应在其投标书中予以说明，若没有说明，则被认为完全符合上述文件的所有要求。即使供货商符合本规格书的所有条款，也并不等于解除供货商对所有提供的设备和附件都应当承担的全部责任，所提供的设备和附件应当具有正确的设计，并且满足特定的设计和使用条件及当地有关的健康和安全法规。

对于不能妥善解决的问题，供货商有责任以书面形式通知业主。

三、供货商要求

（1）供货商应通过 ISO9000 质量体系认证及 HSE 保证体系。同时，ISO9000 质量证书必须在有效期内。

（2）供货商应具有与压力和类别相匹配的换热器设计和制造资格，并具有至少 5 年及以上板翅式换热器设备的设计业绩和至少 3 年及以上同类设备的制造经验。同时，符合国家压力容器安全监察机构有关法规的要求。

（3）供货商应能提供良好的售后服务和技术支持。供货商应有在近年来轻烃处理工程或其他相关领域中的供货业绩，设计、制造能力证明及提供长期技术支持的能力。供货商须递交板翅式换热器的实际应用证明。

（4）供货商可根据经验、技术和产品，推荐和提供与本技术规格书不同的方案。这些方案应用中文加以详细和完整的描述，以供业主和设计方评估和决策。

（5）供货商推荐的产品应该是成熟的产品类型，技术先进，经过证明，在要求的操作条件下能够稳定、可靠地工作。

（6）除非经业主批准，板翅式换热器应完全依照本规格书、数据表及其他相关资料及规范标准的要求。规格书中的任何遗漏都不能作为解脱供货商责任的依据，所有改动都应提交给业主批准。

四、供货范围

1. 概述

供货商应对板翅式换热器的设计、材料采购、制造、零部件的组装、图纸、资料的提供以及与各个分包商间的联络、协同、检验和试验负有全部责任。供货商还应对板翅式换热器的性能、安装、调试负责。

2. 换热器结构形式

换热器结构形式为撬装型板翅式换热器。

3. 供货范围

供货商的供货范围：共 1 套板翅式换热器，详见表 3-2 换热器规格数量表。

表 3-2　换热器规格数量表

换热器名称	热介质数量/种	冷介质数量/种	换热器设计负荷/kW	换热器数量/套
板翅式换热器	1	1	600	1

换热器应成撬供应，每个换热器撬块至少应包括但不限于以下几个部分：

(1) 翅片板束。

(2) 封条。

(3) 导流片。

(4) 集流箱。

(5) 单元板束组合时所有接管等连接组件。

(6) 配套排液管、放空管等接口，对外部设备、管道接口须提供配对法兰、螺栓、螺母、垫片。

(7) 底座及配套螺栓、螺母、垫片。

(8) 供货商应提供更换易损件、设备维修所需的专用工具，包括专用工具清单和单价。

(9) 设备油漆。

(10) 设备铭牌。

(11) 调试及试运行用的备品备件及润滑油等消耗品由供货商提供，并提供两年运行用的备品备件清单供业主选择。

五、设计基础资料

1. 工作介质

各工作介质参数详见各个板翅式换热器数据表。

2. 站场气象条件

极限最高气温：42.3℃。

极限最低气温：-20.7℃。

月平均最高气温：39.5℃。

月平均最低气温：-14.3℃。

年平均相对湿度：70%。

年日照时间：2585.2h。

3. 公共工程数据

安装区域为防爆一类2区。

该地区地震设防烈度为7度。

六、技术要求

(1) 换热器工艺参数和设计数据见板翅式换热器数据表。

(2) 换热器的设计、制造必须是取得国家认证的具有换热器设计、制造资质的单位承担。

(3) 换热器的设计、制造应符合有关标准规范的要求。

(4) 换热器的设计必须考虑到设备能在给定的环境条件下和户外长期安全运行，其使用寿命应大于15年。

(5) 换热器的换热负荷要求：换热器各侧热负荷应在计算负荷的50%～120%之间调节。

(6) 换热器主要材质的最低要求：

① 换热器主体：铝合金。

② 工艺仪表接管：见换热器数据表。

③ 接管法兰：采用带颈对焊突面钢法兰(A系)，法兰标准应采用HG 20592，同时提供配对法兰，并配套螺栓、螺母和垫片。设备进出口配对法兰、垫片及紧固件应符合下列规定：法兰应选用带颈对焊钢制管法兰，密封面形式为突面(WNRF)，根据介质、温度、压力的不同，选用的材质为20#、16Mn、0Cr18Ni9等，执行标准为HG 20595；垫片应采用0Cr18Ni9/柔性石墨金属缠绕垫片(带内环型)，执行标准为HG 20610；螺栓应选用等长双头螺柱，根据介质、温度、压力的不同，选用的材质为35CrMoA或0Cr18Ni9；螺母应选用六角螺母，根据介质、温度、压力的不同，选用的材质为30CrMo或0Cr18Ni9。

④ 保温的外保护板用不锈钢板制作。

⑤ 若用到以下产品，应按以下规定选用：所选用的调节阀和执行机构应采用Fisher产品，变送器应采用Rosement产品；PLC控制器应为AB公司产品。

(7) 换热器对接焊接接头必须进行100%无损检测。

七、铭牌

供货商应在设备适当的部位安装永久性的由不锈钢制成的铭牌，铭牌的位置易于观察、内容清晰，其安装可采用支架和螺栓固定，但不允许直接将铭牌焊到设备上。

铭牌应包括但不限于以下内容：名称型号、编号、传热面积、工作压力、工作温度、许可证编号、出厂监检标志、总质量、制造厂名称、制造日期。

八、检测和试验

1. 检验机构

(1) 出厂前供货商根据国家、行业有关标准进行检验。

(2) 业主根据有关标准及合同进行现场检验。

(3) 有关质检、环保、安全等机构应依据国家法律、法规进行检验。

2. 检验项目和试验内容

1) 性能检验

供货商应根据技术标准和规范对设备性能、材料、制造质量等进行逐项检查和检验。检查项目中应包括：

(1) 焊剂清洗质量检查。

(2) 钎焊质量检查。

(3) 板束质量检查和性能试验。

(4) 水压试验。

(5) 气密性试验。

(6) 对可逆式换热器，须做交变压力试验。

(7) 气阻试验。

(8) 脱油脂及最终干燥处理检查等。

2) 到货检验

按本规格书供货范围和合同要求进行设备和材料检查，包括但不限于以下内容：

(1) 包装(包装是否完整、合格)、标识检验。

(2) 设备运输到现场后供货商负责解体检查，检验后应恢复至原包装。

(3) 对每台设备逐个进行外观检验：设备表面不得有变形、毛刺、裂纹、锈蚀等缺陷；法兰密封面应平整光洁；零部件齐全完好。

(4) 品种、规格、数量及质量检查。

(5) 产品说明书、检测报告、安装图纸等资料检查。

(6) 焊接接头无损检测的检查要求和评定标准。

3) 安装检查

安装时，应对设备、材料进行核对和检查，不合格的设备、材料不允许投入安装。

3. 证书

(1) 换热器设计、制造许可证。

(2) 受压元件材料的质量证明书。

(3) 检验证书：供货商提供工厂出具的具有效力的检验证书(一式两份)。

(4) 出厂合格证书：每台换热器及所带附件必须具有合格证书，并注明型号、规格制造商名称、生产日期等。

九、包装和运输准备

1. 表面处理和涂漆

板式换热器的表面处理、防腐保护及涂漆应遵循有关标准及技术规格书《设备、阀门外涂层技术规格书》(SPC-0001 腐 01-02)中的规定和要求。

2. 包装和运输

(1) 包装、运输按《压力容器涂敷与运输包装》(JB/T 4711)的规定，要适宜海运、铁路及公路运输。

(2) 包装应考虑吊装、运输过程中整个设备元件不承受导致其变形的外力，且应避免海水和大气及其他外部介质引起的腐蚀。

3. 发货要求

(1) 当所有的测试和检验已经全部完成，且产品已准备发运时，供货商应通知业主，并请求业主采购部的授权人员签名并下达放行指令。在收到业主指令前放行的产品，业主将拒收并拒付任何款项。

(2) 当供货商未满足订单中关于运输文件、证书、包装、标识和交货点等方面的要求时，发生的费用由供货商承担。

十、备品备件及专用工具

供货商应提供用于现场安装、调试、试压、开车等所需的随机备品备件以及两年的备品备件清单。

供货商还应提供设备维修所需的专用工具，包括专用工具清单和单价在内。

十一、文件要求

1. 送审图纸、文件

供货商在合同签订生效两周内，设备制造前，应向业主提供下列技术文件(至少6份)，并在收到带意见的图纸后两周内重新提交升版后的图纸和文件；提交图纸和文件时，必须提交相应的图纸和文件目录并注明版次。在得到业主和设计认可后，方可进行设备制造。因图纸、文件未送审而造成的问题由供货商负责。

供货商提供的所有文件和图纸，包括计算公式的单位制应是SI单位。

送审文件应用A4纸，送审图应采用A3纸、A2纸或A1纸。要求所有送审及完工图纸及文件必须能复印清楚。

主要报批图纸、文件如下：

(1) 设备外形尺寸、基础尺寸、接管尺寸、设备安装图。

(2) 设备自重、设备充水重等。

(3) 换热器数据表。

(4) 设备性能及参数描述。

(5) 工艺计算书：结构参数计算书、传热计算书、流动阻力计算书。

(6) 强度计算书：翅片、集流箱、封头隔板、隔板等受压元件强度计算书。

(7) 换热器制造图。

2. 交货文件

发货时，供货商应提供交货文件6份，交货文件包括但不限于如下内容：

(1) 交货清单。

(2) 操作维护手册。

(3) 机械制造档案。

(4) 质量保证档案。

（5）设备竣工图。

（6）产品合格证和质量证明书。

（7）两年用备件清单。

（8）专用工具清单。

十二、服务与保证

1. 服务

供货商应提供的售后服务包括：

（1）安装指导及现场调试。

（2）对现场操作工的技术培训。

（3）使用后的维修指导等。

2. 保证

供货商应对其供货范围内的所有事项进行担保，确保设计、材料和制造无缺陷，完全满足本技术规格书和订单的要求。同时应保证设备在自发货起的18个月或该设备现场安装之日起的12个月内符合规定性能标准。若在保证期内有任何缺陷，供货商应在无任何报酬条件下提供必要的更换和维修，并赔偿各种费用。如因此而造成用户人身和财产损失的，供货商应对其予以赔偿。

如果整套设备的全部或部分不满足担保要求，供货商应立即对设备中的缺陷进行修改、补救、改进或更换设备，直到设备满足规定的条件为止。表3-3为板翅式换热器数据表。

表3-3 板翅式换热器数据表

设备编号		6-E2		设备名称		板翅式换热器	
设备数量		1		设备型号			
工作场所		室外		换热面积			
生产厂商				容器类别			
○工艺参数							
内容	单位	热侧		冷侧1		冷侧2	
		进口	出口	进口	出口	进口	出口
介质名称		三甘醇贫液		三甘醇富液			
介质总流量	kg/h	3600		4000			
液体流量	kg/h	3600	3600	4000	4000		
气体流量	kg/h						
介质组分	mol%	TEG：89.6 H_2O：10.4		TEG：55.2 H_2O：44.8			
介质密度	kg/m³	950	1082	1103	1120		
介质黏度	mPa·s	0.50	7.7	10.5	0.80		

续表

比热容	kJ/(kg·K)	3.81	3.07	3.07	3.8		
操作温度	℃	195	43	35	170		
操作压力	MPa	0.03	0.025	0.33	0.3		
允许压力降	MPa	0.005		0.03			
计算热负荷	kW	505		505			
设计热负荷	kW	600		600			

○ 设计数据及要求

内容	单位	热侧		冷侧 1		冷侧 2	
		进口	出口	进口	出口	进口	出口
遵循的安全监察规程	《压力容器安全技术监察规程》(1999 版)						
设计、制造、检验标准	《铝制板翅式换热器技术条件》(JB/T 7261—1994)						
设计压力	MPa	1.6	1.6	1.6	1.6		
设计温度	℃	250	250	100	100		
管口尺寸	mm	*DN*65	*DN*65	*DN*50	*DN*50		
腐蚀裕量	mm						

□ 换热器结构数据

内容	单位	数值	内容	单位	数值
板翅基本尺寸	mm		流道布置形式		
单元有效宽度	mm		单元组合类型		
单元长度	mm		板束单元数量		
单元换热面积	m^2		压力降	MPa	
传热系数	$W/(m^2\cdot K)$		试验压力	MPa	

△ 材料

部件名称	材料		部件名称	材料	
	设计要求	供货商确认		设计要求	供货商确认
换热器主体	铝合金		法兰		
接管					

注：1. ○ 由买方填写；□ 由供货商填写；△ 由双方共同填写。

2. 本换热器为二介质板翅式换热器，介质密度为工况密度。

3. 换热器各侧热负荷可在计算负荷的50%~120%之间调节，其他要求见技术规格书中相关要求。

4. 供货商应将填写完整的数据表提供业主审查和批准。

第二节 管壳式换热器

一、前言

本技术规格书规定了用于文 96 地下储气库工程的脱水系统的管壳式换热器的设计、材料、制造、检验和试验的最低要求。

二、相关资料

1. 引用标准

下列文件中的条款通过本技术规格书的引用而成为本技术规格书的条款。凡是标注日期的引用文件，其随后所有的修改单或修订版均不适用于本技术规格书，然而，鼓励根据本技术规格书达成协议的各方研究是否可使用这些文件的最新版本。凡是不标注日期的引用文件，其最新版本适用于本技术规格书。

(1)《压力容器安全技术监察规程》(国家质量技术监督局 1999 年颁布)；

(2)《钢制压力容器(2003 年修订)》(GB 150—1998)；

(3)《管壳式换热器(含第一号修改单)》(GB 151—1999)；

(4)《输送流体用无缝钢管》(GB/T 8163—2008)；

(5)《压力容器用碳素钢和低合金钢锻件》(JB 4726—2000)；

(6)《金属材料室温拉伸试验方法》(GB/T 228)；

(7)《金属夏比缺口冲击试验方法》(GB/T 229)；

(8)《钢制管法兰、垫片、紧固件》(HG 20592~20635)；

(9)《管壳式换热器用缠绕垫片》(JB/T 4719—1992)；

(10)《外头盖侧法兰》(JB 4721—1992)；

(11)《钢制压力容器焊接工艺评定》(JB 4708—2000)

(12)《钢制压力容器焊接规程》(JB/T 4709—2000)；

(13)《承压设备无损检测》(JB/T 4730—2005)；

(14)《压力容器涂敷及运输包装》(JB/T 4711—2003)；

(15)《容器支座 第 1 部分 鞍式支座》(JB/T 4712. 1—2007)；

(16)《锅炉和压力容器用钢板》(GB 713—2008)。

2. 业主文件

与本技术规格书相关的文件包括：数据表 DDS-0001 加 01-01。

3. 优先顺序

应遵照下列优先次序执行：

(1) 数据表。

(2) 本技术规格书。

(3) 规范和标准。

(4) 若本规格书与其数据表、图纸以及上述规范和标准出现相互矛盾时，应按最为严格的执行。

(5) 供货商若有与以上文件不一致的地方，应在其投标书中予以说明，若没有说明，则被认为完全符合上述文件所有要求。即使供货商符合本规格书的所有条款，也并不等于解除供货商对所有提供的设备和附件都应当承担的全部责任，所提供的设备和附件应当具有正确的设计，并且满足特定的设计和使用条件以及当地有关的健康和安全法规。

对于不能妥善解决的问题，供货商有责任以书面形式通知业主。

三、供货商要求

(1) 供货商应通过 ISO9000 质量体系认证，有健全的质量保证体系。同时，ISO9000 质量证书必须在有效期内。

(2) 供货商应具有与压力和类别相匹配的压力容器设计和制造资格，并具有至少 5 年及以上管壳式换热器设备的设计业绩和至少 3 年及以上同类换热器的制造经验。同时，符合国家压力容器安全监察机构有关法规的要求。

(3) 供货商应能提供良好的售后服务和技术支持。提供设计、制造能力证明及提供长期技术支持的能力。供货商须递交管壳式换热器的实际应用证明。

(4) 供货商可根据经验、技术和产品，推荐和提供与本技术规格书不同的方案。这些方案应加以详细和完整的描述，以供业主和设计方评估和决策。

(5) 供货商推荐的产品应该是成熟的产品类型，技术先进，经过证明，在要求的操作条件下能够稳定、可靠地工作。

(6) 除非经业主批准，管壳式换热器应完全符合本规格书、数据表及其他相关资料及规范标准的要求。规格书中的任何遗漏都不能作为解脱供货商责任的依据，所有改动都应提交给业主批准。

四、供货范围

1. 概述

供货商应对管壳式换热器的设计、材料采购、制造、零部件的组装、图纸、资料的提供以及与各个分包商间的联络、协同、检验和试验负有全部责任。供货商还应对管壳式换热器的性能、安装、调试负责。

2. 供货范围

供货范围为管壳式换热器 1 台，热负荷为 55kW(最大 77kW)。每台换热器的供货范围应包括但不限于以下部分：

(1) 换热器本体，包括壳体、支座、吊耳、与外部连接的接管和法兰。

(2) 接口配对法兰、螺栓、螺母及垫片。

(3) 内部换热装置。

(4) 地脚螺栓及配套螺母。

(5) 铭牌。

(6) 调试及试运行用的备品备件及润滑油等，并提供两年运行用的备品备件清单供业主选择。

五、设计基础资料

1. 工作介质

换热器工作介质见 DDS-0001 加 01-01。

2. 站场气象条件

极限最高气温：42.3℃。

极限最低气温：-20.7℃。

月平均最高气温：39.5℃。

月平均最低气温：-14.3℃。

地震设防烈度：7 度。

六、技术要求

1. 设计要求

(1) 换热器形式为卧式固定管式换热器，室外安装。

(2) 换热器的设计参数见换热器数据表。

(3) 换热器应满足热负荷和允许压降的要求。

(4) 换热面积由供货商根据数据表中所提供参数进行设计计算，其面积除应满足传热要求外，还应有 50%~120%的操作弹性。

(5) 换热器应在设计温度和设计压力下满足规定的强度要求。

以下情况也要考虑：

① 试运行。

② 正常操作。

③ 排污和放空。

④ 总体安全。

(6) 换热器接管法兰须提供配对法兰、缠绕式垫片和螺栓、螺母。

(7) 管箱法兰和壳体法兰须采用对焊钢法兰，垫片采用缠绕式垫片。

(8) 固定管式换热器的固定管式结构除考虑管束能在设备内自由移动外，还必须考虑固定管式部分的检修、安装和清洗方便。

(9) 固定管式换热器外头盖的最高点和最低点应设置放气口和排液口，并用丝堵封口。

(10) 密封垫片应采用整体垫片，不得拼接。

(11) 换热器的保温在现场制作，不在供货范围。

2. 材料要求

(1) 换热器所有选用的材料应符合相应的标准规范且满足本技术规格书的要求。供货商应保证所选材料适用于本换热器的工作介质和工作环境。不允许使用低价劣质材料，材料来源应在制造前经业主审批，未得到书面认可不得使用。

(2) 受压元件用钢除要满足本规格书和数据表的要求和规定外，还应符合《钢制压力容器》(GB 150)的有关规定。

（3）受压元件用钢应选用电炉、氧气转炉冶炼的镇静钢。

（4）对主要受压元件的材料证明书应进行确认，并按规范要求进行复检。

（5）管束须符合 GB 151 中规定的 I 级要求，换热管采用 20#无缝钢管，并符合 GB/T 8163 的规定要求。

（6）用于制造管板、平盖、法兰的钢制锻件应符合 JB4726 的Ⅱ级各项检验要求。

（7）设备材料的其他检验，热处理状态、无损检测等应符合《压力容器安全技术监察规程》（1999 年版）、《钢制压力容器》（GB 150）及《管壳式换热器》（GB 151）的要求。

（8）设备进出口配对法兰、垫片及紧固件应符合下列规定：

① 法兰应选用带颈对焊钢制管法兰（A 系），密封面形式为突面（WNRF），根据介质、温度、压力的不同，选用的材质为 20#、16Mn、0Cr18Ni9 等，执行标准为 HG 20595。

② 垫片应采用 0Cr18Ni9/柔性石墨金属缠绕垫片（带内环型），执行标准为 HG 20610。

③ 螺栓应选用等长双头螺柱，根据介质、温度、压力的不同，选用的材质为 35CrMoA 或 0Cr18Ni9。

④ 螺母应选用六角螺母，根据介质、温度、压力的不同，选用的材质为 30CrMo 或 0Cr18Ni9。

（9）若用到以下产品，应按以下规定选用：

① 所选用的调节阀和执行机构应采用 Fisher 产品，变送器应采用 Rosement 产品。

② PLC 控制器应为 AB 公司产品。

3. 制造要求

（1）换热器的制造应遵循本规格书及 GB 151 等相关标准规范的规定和要求。

（2）换热管与管板的连接采用强度焊加贴胀，并按 GB 151 附录 B 的要求进行焊接工艺评定。

（3）焊接：

① 焊工资格应按《压力容器安全技术监察规程》（1999 年版）进行资格论证。

② 所有焊接应符合《钢制压力容器焊接规程》（JB/T 4709—2000）的规定。

③ 所有 A、B 类焊接接头应为对接全焊透形式。D 类焊接接头也应采用全焊透形式。若由于结构原因不能实现双面焊，则需要采用氩弧焊打底、单面焊双面成型的工艺。

④ 角焊缝焊脚尺寸应等于两相焊中较薄件的厚度，且为连续焊。

4. 组装

（1）组装前应对全部零部件认真检查和清扫，不应留有焊疤、焊接飞溅物、浮锈及其他杂物。

（2）吊装管束时，应防止管束变形和损伤换热管。

七、铭牌

所有换热器均应设置铭牌。铭牌应采用奥氏体不锈钢材料制成，并牢固地安装在设备的醒目之处。安装应采用支架和螺栓固定，不能直接焊到设备上。

铭牌上的内容应标识清楚，且至少应包括以下各项：

（1）设备名称及位号。

（2）制造单位名称和制造许可证号。

（3）制造单位对该产品的编号。

（4）出厂日期。

（5）设计压力（分管程和壳程）。

（6）设计温度（分管程和壳程）。

（7）试验压力（分管程和壳程）。

（8）折流板间距。

（9）最大外形尺寸。

（10）设备质量。

（11）容器类别。

八、检测和试验

1. 一般要求

换热器的检测和试验除要遵循本技术规格书外，还应符合《管壳式换热器》（GB 151）的相关要求。

2. 无损检测（NDT）

（1）无损检测人员必须持有劳动部门颁发的有效期内锅炉压力容器无损检测人员技术等级鉴定证书。

（2）焊缝表面的形状尺寸及外观检查合格后，方可进行无损检测。

（3）换热器的无损检测应遵循《钢制压力容器》（GB 150—1998）和《承压设备无损检测》（JB/T 4730—2005）中的规定和要求。

（4）壳体上的A类、B类焊接接头应进行检测长度不小于各条焊缝长度的20%射线检测，且不小于250mm，Ⅲ级合格。

（5）无损检测完成后，供货商要向业主提供无损检测报告。

3. 热处理

（1）管箱、固定管式盖组焊完毕后，应进行消除应力热处理。

（2）所有经热处理的法兰面、隔板端面均应在热处理后加工，加工后的表面粗糙度应符合相应的标准要求。

4. 压力试验

（1）换热器应在工厂内进行压力试验，优先采用水压试验，试验顺序按照《管壳式换热器》（GB 151）中的规定执行。

（2）水压试验前，换热器的内、外表面应彻底清理干净，不得有焊渣、铁锈、污垢、砂粒、杂物等。

（3）液压试验完成后，应将液体排尽并用压缩空气将内部吹干。

九、包装和运输准备

1. 包装和运输

（1）包装、运输按《压力容器涂敷与运输包装》（JB/T 4711—2003）的规定，并要适宜铁路及公路运输要求。

(2) 包装应考虑吊装、运输过程中整个设备元件不承受导致其变形的外力，且应避免大气及其他外部介质的腐蚀。

2. 发货要求

(1) 当所有的测试和检验已经全部完成，且产品已准备发运时，供货商应通知业主，并请求业主采购部的授权人员签名并下达放行指令。在收到业主指令前放行的产品，业主将拒收并拒付任何款项。

(2) 当供货商未满足订单中关于运输文件、证书、包装、标识和交货点等方面的要求时，发生的费用由供货商承担。

十、备品、备件

供货商应提供用于现场安装、调试、试压、开车等所需的随机备品、备件(免费提供)，以及两年的备品、备件。

十一、文件要求

1. 单位

供货商提供的所有文件和图纸，包括计算公式的单位制应是SI制单位。

2. 文件要求

(1) 供货商在合同签订生效2周内，设备制造前，应向业主提供下列技术文件(至少6份)，并在收到带意见的图纸后的1周内重新提交升版后的图纸和文件；提交图纸和文件时，必须提交相应的图纸和文件目录并注明版次。在得到业主和设计认可后，方可进行设备制造。因图纸、文件未送审而造成的问题由供货商负责。

① 主要受压元件的强度计算书，工艺计算书。

② 设备制造图(包括装配图、零部件图及对设备基础的要求)。

③ 设备制造、检验方法和质量保证措施。

(2) 图纸和文件审批后，在设备制造过程中如果发生变更，供货商必须以书面形式通知业主，在得到业主的书面确认后方可实施，同时应把变更后的图纸和文件提交给业主。

(3) 由于供货商没有按合同执行而导致的所有设计变更均由供货商承担。

(4) 设备交货时，供货商应提供下列技术文件：

① 设备竣工图。

② 设计计算书。

③ 主要受压元件原材料质量证明书及材料复验报告。

④ 主要受压元件原材料无损检测报告。

⑤ 焊接工艺评定报告、焊接接头质量的检测和复验报告。

⑥ 所有子供货商的供货目录、相关图纸和资料。

⑦ 子供货商供应的部件及其他所有部件的检验证书。

⑧ 热处理报告。

⑨ 压力试验报告。

⑩ 产品合格证。

⑪ 产品质量证明书。

⑫ 安装、操作、维修手册。

⑬ 设备备品、备件和专用工具清单。

（5）供货商提供的资料应全面、清晰和完整，并对资料的可靠性负全责。所有技术文件质量应符合 ISO 国际标准。送审文件应用 A4 纸，送审图应采用 A3 纸、A2 纸或 A1 纸。要求所有送审及完工图纸及文件必须复印清楚。

十二、服务与保证

1. 服务

供货商应提供的售后服务包括：

（1）安装指导及现场调试。

（2）对现场操作工的技术培训。

（3）使用后的维修指导等。

2. 保证

供货商应对其供货范围内的所有事项进行担保，确保设计、材料和制造无缺陷，完全满足本技术规格书和订单的要求。并应保证设备在自发货起的 18 个月或该设备现场安装之日起的 12 个月内符合规定的性能要求。若在保证期内有任何缺陷，供货商应提供必要的更换和维修服务，并赔偿各种费用。如因此而造成人身伤害和财产损失的，供货商应予以赔偿。

如果整套设备的全部或部分不满足担保要求，供货商应立即对设备中的缺陷进行修改、补救、改进或更换设备，直到设备满足规定的条件为止。表 3-4 为管壳式换热器数据表。

表 3-4　管壳式换热器数据表

设备位号	6-E1	生产厂家		容器类别	
设备数量	1 台	外形尺寸		设备质量	kg
工作场所	生产装置(室外)	安装方式	卧式☑；立式□	最大质量	kg
换热面积	m^2	换热器形式	固定管式☑；浮头式□；U 型管式□；填料函式□；重沸器□		

工艺参数					设计、制造、检验要求	
	壳　程		管　程		设计规范	GB 151—1999
介质名称	三甘醇贫液		天然气		制造、检验技术规定	GB 151—1999
总流量/(kg/h)	3600		161700		安全监察规程	压力容器安全技术监察规程
液体流量/(kg/h)	3600				结构参数	
气体流量/(kg/h)			161700		换热管种类：光管☑；翅片管□；螺纹管□	
水蒸气/(kg/h)					换热管规格：外径　mm；壁厚　mm	
不凝气/(kg/h)					换热管数量：	换热管长度：10000mm
	进口	出口	进口	出口	管间距：　mm	布管形式：□ △ ◇ △

续表

介质密度/(kg/m^3)	1100	1120	47.86	47.86	折流板/支持板：		
介质黏度/mPa·s	15.45	19.95	0.01302	0.01302	形式：单弓形□；双弓形□； 环盘形□；格栅形□		
比热/[kJ/(kg·K)]	2.908	2.908	2.14	2.14	数量：	间距：　mm	
导热系数/[W/(m·K)]	0.1957	0.1957	0.03921	0.0391	换热管与管板连接形式：		
操作温度/℃	63	35	30	31	焊接□；胀接□；焊接+胀接☑		
操作压力/MPa	7.6	7.6	7.6	7.6	设计参数		
允许压降/MPa	0.03		0.03			壳程	管程
流速/(m/s)					设计压力/MPa		
潜热/[kJ/(kg·K)]					设计温度/MPa		
冷凝/蒸发温度/℃					试验压力/MPa		
平均温差(校正值)/℃					腐蚀裕量/mm		
污垢系数/(m^2·K/W)					焊接接头系数		
热负荷/kW	55(最大70)		55(最大70)		管(壳)程数	1	1
传热系数/[W/(m^2·K)]					保温厚度/mm		

主　要　材　料

壳体	20R	管箱法兰/盖	20Ⅱ	螺栓(外)	35CrMoA
管板	20Ⅱ	管箱筒体/封头	20R	螺母(外)	30CrMo
换热管	20	浮头盖	20R	螺栓(内)	
接管	20	浮头管板	20Ⅱ	螺母(内)	
接管法兰	20Ⅱ	浮头法兰/钩圈	20Ⅱ	垫片	缠绕垫
壳体法兰	20Ⅱ	分程隔板	Q235-A		
支座	Q235-A				

管　口　表

编号	名称	数量	*PN*/MPa	*DN*/mm	法兰形式	连接面	法兰标准
a	天然气入口	1	8.0	300	WN	RF	HG 20615
b	天然气出口	1	8.0	300	WN	RF	HG 20615
c	三甘醇贫液入口	1	8.0	50	WN	RF	HG 20615
d	三甘醇贫液出口	1	8.0	50	WN	RF	HG 20615
e	排污口	1	8.0				
f	放空口	1	8.0				

第三节 三甘醇循环泵

一、总则

（1）本技术规格书适用于文96地下储气库工程的脱水系统的三甘醇循环泵设备。它提出了该类设备的功能设计、结构、性能、安装和试验等方面的技术要求。

（2）本技术规格书提出的是最低限度的技术要求，并未对一切技术细节作出规定，也未充分引述有关标准和规范的条文，出卖人应提供符合本技术规格书和有关工业标准的优质产品。

（3）本技术规格书所使用的标准如遇与出卖人所执行的标准相矛盾时，应按较高标准执行。

二、气象条件

1. 气温

年平均温度：13.4℃。

最冷月平均温度：-14.3℃。

最热月平均温度：39.5℃。

极端最低温度：-20.7℃。

极端最高温度：42.3℃。

2. 气压

年平均气压：1010mbar。

夏季平均气压：998.0mbar。

冬季平均气压：1020.2mbar。

3. 湿度

最冷月平均相对湿度：67%。

最热月平均相对湿度：80%。

4. 降水量

年降水量：534.5mm。

日最大降水量：276.9mm。

5. 雪

最大积雪厚度：20cm。

6. 冻土

土壤最大冻土深度：41cm。

7. 地震

濮阳市所在区域属东濮地堑，东有兰聊断裂，西有长垣断裂，黄河断裂贯穿中间，属于邢台—河间地震带的一部分，是华北平原地震活动较频繁的一个区域。根据中国地震烈度区划图可知，该地区地震基本强度为7级，为7度地震设防区。

三、标准和规范

出卖人对所提供的泵的设计、材料、设备制造工艺、质量控制和产品检查验收等，均应符合国家现行规范和标准，以及相关企业标准。下述标准按相关标准的最新版本执行。

1. 通用标准

《装配通用技术要求》(JB/T 5994—1992)；

《高压化肥设备用无缝钢管》(GB 6479—2000)；

《输送流体用无缝钢管》(GB/T 8163—2008)；

《钢制对焊无缝管件》(GB/T 12459—2005)；

《带颈对焊钢制管法兰》(HG 20615—2009)；

《钢制管法兰用缠绕式垫片》(HG 20631—2009)；

《钢制管法兰用紧固件》(HG 20634—2009)。

2. 泵及电机的设计、制造、检验执行的标准、规范

《石油化工计量泵工程技术规定》(SH/T 3142—2004)；

《计量泵》(GB/T 7782—2008)；

《往复泵零部件液压与渗漏实验》(ZBJ 71018—1990)；

《机动往复泵试验方法》(GB 7784—2006)；

《旋转电机基本技术要求》(GB 755—2000)；

《爆炸性气体环境用电气设备 通用要求》(GB 3836.1—2000)；

《爆炸性气体环境用电气设备 隔爆型“d”》(GB 3836.2—2000)；

《爆炸性气体环境用电气设备 增安型“e”》(GB 3836.3—2000)；

《爆炸和火灾危险环境电力装置设计规范》(GB 50058—1992)。

四、技术要求

1. 总的技术要求

出卖人提供的设备应功能完整、技术先进，并能满足人身安全和劳动保护条件。

所有设备均应正确设计和制造，并在正常工况下均能安全、持续运行，不应有过度的应力、振动、温升、磨损、腐蚀、老化等其他问题，设备结构应考虑到方便日常维护(如加油、紧固等)及维修的需要。

设备零部件应采用先进、可靠的加工制造技术，应有良好的表面几何形状及合适的公差配合。买受人不接受任何带有试制性质的部件。

对于外购配套件，必须选用优质、节能、先进产品，并有生产许可证及生产检验合格证。严禁采用国家公布的淘汰产品。对重要部件须取得买受人认可或由买受人指定。对目前国内产品质量尚不过关的部件，可选用进口产品，并在投标时列出需要进口设备部件的清单，并由买受人确认。

易于磨损、腐蚀、老化或需要调整、检查和更换的部件应提供备用品，并能方便地拆卸、更换和修理。所有重型部件均应设有便于安装和维修用的起吊或搬运设施(如吊耳、

环形螺栓等）。

所用的材料及零部件（或元器件）应符合有关规范的要求，且应是新型的和优质的，并能满足当地环境条件的要求。

所有外露的转动部件均应设置防护罩，且应便于拆卸，人员易达到的运动部位应设置防护栏，对需要维护的工作点应有足够的空间和立足点，必要时可设平台，当高度>1.0m时，须装设栏杆，但不应妨碍维修工作，护栏设置应符合标准《机械安全 进入机器和工业设备的固定设施 第3部分：楼梯、阶梯和护栏》（GB 17888.3—1999）的相关规定。

所有的驱动装置均应装设可靠的制动装置。电动机、减速机质量在25kg以上时，应提供环形螺栓、吊钩或其他能安全起吊的装置。

所设计的设备应满足详细设计的要求，设备能承受来自驱动装置或负荷突然变化而产生的最大加速度。设备的驱动装置能够平稳地传递加速度和减速度。同时，设备能每天24h连续运行。

设备及部件的噪声、各设备工作点的粉尘浓度必须符合国家有关的规定要求。

2. 具体技术要求

1）泵

所选用的泵均为柱塞式计量泵。出卖人应提供包括泵、联轴器、驱动机等所有辅助设备的整个泵机组。出卖人应对整个泵机组负全部责任，并保证其质量和性能符合本技术协议及相关标准的要求。

泵（包括辅助设备）的最低使用寿命为20年，整个系统的不间断、连续操作时间至少为2年。

泵的效率应尽量高。计量泵在0~100%额定流量范围内可调节，其调节比至少为10∶1，且在10%~100%流量范围内，计量泵的稳定性精度、线性度和复现性精度均应在±1%以内。

所有承压零件（包括进口压力影响区域）均应按泵送温度下允许最大出口压力，使泵体的设计压力不小于安全阀的设定压力。

压力泵壳应设计成具有一定的腐蚀裕量，以符合实际工况的要求，最小腐蚀裕量应为3mm（不锈钢的腐蚀裕量为0）。与填料接触部分的柱塞杆或柱塞段表面应予以硬化并磨光。

泵均应采用稀油润滑，以确保长周期安全运行。

泵和驱动电机的轴承应为标准形式，不得采用制造厂自行制定的非标轴承，且在额定工况下连续运转寿命应不少于25000h。

对于泵口和泵壳上的其他接头，禁止使用螺纹管法兰，应采用带颈对焊法兰连接。

泵系统所有材料的选择应符合设计方的要求和规定的操作条件，如需要更改材料，制造商应提交买受人审核，并得到书面认可。

出卖人应提供泵组基础范围内的所有连接管路、管件、阀门、法兰接头及附件；所有外接法兰应带配对法兰、螺栓螺母、垫片，并应适合与买受人管路焊接。

泵、驱动机和辅助装置的噪声等级为距设备表面1m处不大于85dB。

泵、电机及其辅助设备应在安装现场的最低和最高环境温度下适用于户外启动和连续操作。

出卖人要保证同规格泵的常规零部件具有互换性。

2）驱动装置

电机应符合 GB 3836.2—2000 及 GB 755—2000 的要求。

泵所配电动机的防护等级、防爆等级及绝缘等级要求详见“泵数据表”。

五、设备技术参数及配置

设备名称：三甘醇循环泵(撬)。

设备数量：2 台(撬装)。包括泵前后分别设置 1 台三甘醇脉动缓冲罐以及安全阀，以保障三甘醇循环泵的正常运行。

输送介质：三甘醇。

密度：1120kg/m^3。

黏度：15.45mPa·s。

温度：43 ℃(常温)。

流量：4m^3/h。

进口压力：0.01MPa；出口压力：8.0MPa。

设备形式：柱塞式计量泵。

设备型号：J6-4000/8.2-Ⅲj；数量：2 台。

泵技术参数：

流量：4m^3/h。

排出压力：8.0MPa。

进口直径：*DN*65。

出口直径：*DN*50。

过流部分材质：2Cr13。

配套电机型号：YB12200L-2B5、30kW、380V。

防爆等级：dIIBT4；防护等级：IP54。

设备质量：2100kg。

配套附件：

配套管路安全阀：SA41Y-160、*DN*32；材质：碳钢；数量：1 件/台。

配套管路进口缓冲器：NXQ-10/10-F；容积：10L；数量：1 件/台。

配套管路出口缓冲器：NXQ-10/10-F；容积：10L；数量：1 件/台。

配对法兰、地脚螺栓：1 套/台。

随机备件：1 套/台。

六、供货范围

泵、电机、配对法兰、地脚螺栓、安全阀、随机备件。

备品、备件明细见表 3-5。

表3–5 备品、备件明细表

序 号	名 称	单 位	数 量	备 注
1	填料	件	5	
2	柱塞衬套	件	3	
3	垫片	套	1	
4	油封	件	2	十字头处
5	油封	件	1	电机处

七、设备的监制

买受人可以派人对出卖人所供产品进行全过程监制，对设备制造、组装、检验、试验和包装质量进行控制。

监制代表有权通过出卖人有关部门在出卖人指定地点查阅出卖人与本次购买设备有关的标准(包括厂标)、图纸、资料、工艺及实际工艺过程和检验记录(包括中间检验记录)，但监制代表无权要求出卖人提供出卖人须保密的资料。

监制代表在实施过程中借用出卖人的检测工具对设备进行检测，出卖人须积极给予配合。

外购、外协零部件，如监制代表认为有必要前往检验，出卖人须积极配合。

监制代表在监制过程中如发现设备、材料有缺陷或不符合规定的标准和不能满足设计要求时，经双方确认后，有权提出修理和重做的要求，出卖人须满足其要求，以保证设备质量。

无论是否参与监制，出卖人均按合同规定承担对设备质量应负的责任。

八、涂漆、包装及运输

1. 涂漆

出卖人用于该产品的涂装材料，须选用符合买受人的技术资料规定或经实践证明的其综合性能优良的一流产品。

涂漆的油漆种类和牌号、生产厂家、喷涂工艺、涂装遍数和漆膜厚度均按同类产品标准进行。色标标准和色卡由买受人提供给出卖人，如买受人未事前约定或未提供，视为认同出卖人所采用的符合标准的颜色。

2. 包装

设备须在检验和试验合格后使设备内部干燥、清洁，并且所有的开口都应封闭后方可进行包装、发货。

设备的包装能满足长途运输、搬运及存储的需要。包装要坚固、牢靠、防腐、防潮、防盗。

所有零部件及附件的包装，应保证在运输和储存过程中不发生变形和损坏。

易损件、专用工具等进行单独装箱，并在箱体上注明标记。

货物标记按国家有关货物运输的规定执行。箱面各种标记齐全，如箱号、名称、合同号、收货单位、发货单位、收发货站、质量、外形尺寸、吊装位置、防雨、防碎、防倒置标记等。

由于出卖人包装不当或标记不清所造成的设备丢失、缺损、发霉、锈蚀、受潮和错发等问题，出卖人负责无偿修理、补供或更换。

所有包装箱应有详细的标记、装箱清单和产品合格证。

产品标志和铭牌主要内容包括制造厂家、产品名称、产品型号、主要技术参数、制造日期等。

出卖人应提供满足大修时安全而有效地拆卸部件或组件及特殊维修和检修要求的专用工具，并应根据其使用寿命和使用频率考虑一定的余量。每项工具均须附有必要的说明。

3. 运输

将设备汽运至买受人指定地点。

九、保证

1. 性能保证

泵性能参数应达到设计方的要求。

2. 流量保证

泵的额定流量至少大于或等于最大(操作)流量的110%。

3. 轴功率保证

保证轴功率不超过额定轴功率的20%。

4. 填料寿命保证

保证填料寿命在8000h以上。

5. 噪声保证

保证距设备本体1m处噪声值≤85dB。

6. 内部清洁度保证

保证泵的内部已做过严格的清洁度检查，现场不需要买受人做解体检查，可以直接安装、调试。

7. 质量保证

出卖人所提供的计量泵将严格按照质量体系GB/T 19001—2000设计、制造、验收和服务。

出卖人严格按照合同要求，提供设计符合相关标准、制造质量合格的产品。

严格检查和控制原材料、元器件和配套件的进厂质量。

出卖人保证所提供的产品加工工艺完善，检测手段完备，缺陷产品不出厂。

出卖人对涉及分承包商的供货质量、设备性能、技术接口、服务等方面负全部责任，确保符合有关的质量标准的要求。

如因出卖人的指导错误或者在保质期内因设备质量问题而造成的设备损坏或不能正常使用，出卖人应无偿修理或更换。

8. 机械保证

设备应保证避免因设计、材料与制造而造成的损失。机械保证期为从性能考核合格后12个月，或设备到货验收合格后18个月，两者以先到期的为准。

十、试验

设备应进行性能试验和检验，以证实材料、工艺及性能满足采用的标准及本技术规格书的要求。出卖人应严格按照所采用的标准、规范制定出一套完整的检验、试验和验收步骤及验收准则。

出卖人在设备加工过程中必须按照有关标准进行检验、试验，不合格品不得进入后续工序。

各部件组装前，应进行零件检查，不合格零件不允许组装。组装过程中必须按有关工厂标准进行检查，所有检查项目的结果必须满足有关要求。

对于需要买受人见证的试验和检验，出卖人应提前10天书面通知买受人，并对驱动装置单元及其他买受人认为必要检验的部件进行试装、试运的检验见证，买受人检验或简化检验丝毫不能减轻出卖人为满足采购订单全部要求所应负的责任与保证。

各项检验、试验活动，出卖人均应向买受人提交检验或试验报告。某项检验、试验不能满足标准、规范及性能要求时，出卖人应自费进行调整、修改和补充，直至满足所有要求为止。

出卖人对所提供的设备按有关标准进行检验和试验，并出具证明文件。至少应在第一次预定试验之前的6周，向买受人提交检查、征求意见及所有运转试验的详细过程，包括所有检测参数的验收标准。

（1）材料试验报告。

（2）噪声试验。

（3）复现性精度、线性度试验报告。

（4）负荷试验。

出卖人应在下述试验开始前10天向买受人提出书面邀请，并由买受人派员参加试验：

（1）性能试验。

（2）机械运转试验。

（3）流量稳定性精度试验。

（4）流量标定试验。

泵在空载试验和负荷试验时，传动与调节机构工作应平稳，润滑油油温应不高于60℃，轴承温度应不高于70℃，传动部件和液缸部件的密封件应无泄漏，液缸部件应无异常声响并工作可靠。

隔膜计量泵油腔安全阀开启试验应严格按照GB 7782—2008中的规定来检验安全阀动作灵敏可靠性，并且试验次数不少于3次。

受压零件(包括附件)应进行水压试验，最低试验压力应为最高容许工作压力的1.5倍，但不低于0.14MPa；水压试验的保压时间为30min，无泄漏现象即认为合格。

如果操作温度下的材料强度低于室温下的材料强度，试验压力应乘以材料在室温与操作温度下容许强度比值的系数，在数据表中列出实际的试验压力。

所有计量泵应满足额定流量和额定压力的要求，还应在额定流量和两个相邻流量试验点之间的排出压力条件下，验证稳定状态下的流量精度，流量偏差不超过额定流量的

±1%，单次的试验运转周期不超过 5min。

出卖人对配套供应的电动机，负责使其与所驱动的设备运转达到合格。

十一、安装、试运、培训与售后服务

出卖人免费指导所供泵的安装、调试、机械运转试验、性能运转试验、操作人员技术培训，并免费提供三包期内的售后服务。

如因出卖人产品质量的原因，应买受人的要求，出卖人应免费派遣有经验的、身体健康的、合格的工程技术人员到用户现场提供技术服务。

保质期后，出卖人应长期优惠供应备品备件，如买受人有必要要求出卖人到现场服务时，出卖人应积极到现场提供服务。

十二、技术资料及交付进度

1. 一般要求

出卖人有义务提供设备安装、使用过程中所必需的相关资料。

出卖人提供的资料应使用国家法定单位制，语言为中文。在提供图纸的同时提供不高于 AUTOCAD2004 版本的电子文件。

出卖人资料的提交应及时、充分，并且满足工程进度要求。

出卖人应向买受人及设计方提供一套完整、详尽的关于储存、验收、安装、调试、运行及维修等方面的技术资料，如果买受人认为出卖人所供资料不能满足要求时，有权要求出卖人进行补充。

出卖人提供的技术资料中应包括各设备和零部件的检验、试验、安装、运行和维护等方面的技术数据、说明书、有关图纸，以及有关的规程、规范、标准及其他技术资料。

任何的不一致都必须提交给买受人，供其确认。

对于其他没有列入合同的技术资料清单，但确属工程所必需的文件和资料而又不属于出卖人保密资料，一经发现，出卖人应及时免费提供。

出卖人提供技术文件的范围也应满足本技术规格书其他部分的要求。

2. 具体要求

技术资料交付明细及提交时间见表 3-6。

表 3-6　技术资料交付明细及提交时间表

序　号	资料名称	交付时间	备　注
1	泵的基础条件图(包括基础载荷及尺寸)	合同生效后 2 周内	*
2	检验报告及合格证等	随主机一起发运	*
3	安装使用说明书	随主机一起发运	*

注：* 中间资料，出卖人须向买受人及设计方各提供确认的书面文件和电子版各 1 份。

3. 随机资料

(1) 每台泵提供随机图纸 1 份。

(2) 产品合格证。

（3）泵使用说明书。

（4）泵传动组件图。

（5）泵液缸组件图。

（6）装箱清单。

表3-7为三甘醇循环泵数据表。

表3-7 三甘醇循环泵数据表

注：○ 由买方填写 □ 由制造厂填写 △ 由双方共同填写

设备编号：6-P1A/B		台数：2台		操作：1台		备用：1台	
泵制造厂：		形式：柱塞式			型号：		
○操作条件							
1	输送介质	三甘醇					
2	氯化物浓度/(mg/L)						
3	介质入口温度/℃	最小	10	正常	43	最大	50
4	入口条件下的密度/(kg/m^3)	1120					
5	入口条件下的黏度/mPa·s	15.45					
6	入口条件下的汽化压力/MPa	0					
7	入口压力/MPa	最小	0.01	正常	0.03	最大	0.04
8	出口压力/MPa	8.0					
9	压差/MPa	7.97					
10	流量/(m^3/h)	最小	0.1	正常	4.0	额定	
11	最小进口水头/m			最大进口水头/m			
12	有效净吸入水头/m						
○现场条件							
13	工作场所	○室内 ●露天 ○有遮棚 ○有采暖 ●腐蚀 ●防爆					
14	海拔/m						
15	环境温度/℃	最小	-20.7	正常	13.4	最大	42.3
16	相对湿度/%	最小	≤67%	正常	70%	最大	80%
17	冷却水水源	○有 ●无					
18	氯化物浓度/(mg/L)						
△性能							
19	●额定排量/(m^3/h)	4.0		○最小排量/(m^3/h)			0.10
20	●额定排出压力/MPa	8.0		○最大排出压力/MPa			
21	○泵速/(r/min)			□必需净吸入水头/m			
22	○容积效率/%			○泵额定效率/%			

续表

注：○　由买方填写　□　由制造厂填写　△　由双方共同填写

23	○传动系统效率/%			□轴功率/kW		
24	驱动器输出功率/kW			□安全阀	类型	
25	●流量调节	方式	调节行程		公称口径/mm	
26		范围	30%～100%		公称压力/MPa	
27	其他					

△结构

28	主管口	名称	公称尺寸	压力等级	密封面	朝向位置
		进口				
		出口				
29	液力端形式	形式	■单作用　□双作用		阀形式	双球阀
		缸数				
30	动力端形式	□皮带传动　□变速箱　□曲柄连接　□偏心轮　■直联				
31	管口法兰标准					
32	泵体安装方式	□卧式　□立式				
33	转向	□逆时针　□顺时针　（面对驱动器）				
34	柱塞直径/mm					
35	排出压力/MPa					
36	冲程/mm		冲次/（r/min）			
37	密封类型	填料	填料盒布置			
38	阀门形式		隔音类型			
39	冷却水系统	□有　□无	强制润滑系统	□有　□无		
40	进口蓄能器	□有　□无	出口蓄能器	■有　□无		

□材料

41	□材料代号					
42	液缸体	304	填料箱		柱塞	304
43	阀	304	阀座		阀弹簧	
44	轴		曲轴		十字头	
45	导向套		连杆		机架	
46	底座		填料	F4		

△润滑及冷却

47	电机端润滑	□自润滑　□强制润滑	润滑油量/（L/h）		供油压力/MPa	
48	曲轴箱润滑	□自润滑　□强制润滑	润滑油量/（L/h）		供油压力/MPa	

续表

注：○ 由买方填写 □ 由制造厂填写 △ 由双方共同填写						
49	润滑油类型					
50	○冷却水管路材料	○碳钢无缝钢管 ○不锈钢无缝钢管				
51	○冷却部位	○壳体	○轴承箱	○密封腔	○电机	○密封冷却器
52	○冷却介质	○循环水	○新鲜水	○冷凝水	○盐水	
53	□总冷却水量/(m^3/h)		○进水/回水压力/MPa		○进水/回水温度/℃	
△驱动机/电动机						
54	驱动机类型	●电动机	○柴油内燃机		○燃气发动机	
55	○型号		○制造厂			
56	○安装方式	○B3 ○V1	○额定功率/kW			
57	○进线方式	○钢管布线 ○塑套电缆	○启动方式		●直接启动 ○Y-△ ○启动设备	
58	●防爆要求	Ⅰ类 2 区	○防护/绝缘要求		IP55/F 级	
59	●电源(电压/相/频率)	380V/3 相/50Hz	○转速/(r/min)			
60	□启动电流/A		□堵转电流/A			
61	□额定电流/A		□功率因数			
62	其他					
●检查和试验						
63	试验		观察	非见证	见证	检查	●材料合格证
		性能	●				●车间检查
		水压	●				○试验后拆卸与检查
□质量/kg						
64	总重		泵		驱动机		最大维修部件	
○主要供货范围						
65	●泵	●电动机	○柴油内燃机	○燃气发动机		
	●联轴器	●传动装置	○润滑油系统	○联合底座		
	○要求以法兰连接的辅助管路要配到底盘端面	○进、出口配对法兰及螺栓、螺母、垫片				
	○安全阀(或安全溢流阀)	○轴承温度、振动及润滑油液位或压力检测一次仪表				
	○进口蓄能器	●出口蓄能器	●地脚螺栓、螺母、垫片	●泵进口标定管		
○制造厂的资料						
66	机组外形图	应包括外形尺寸、基础尺寸、安装、维修及主要管口尺寸等	填充完整的数据表			
67	泵剖面图	应标出主要零部件名称	密封装配图			
68	试验曲线	应给出额定点、最小流量点	随机发送操作手册			
69	辅助管路图	应包括放净、放空、冲洗、冷却等管口				

续表

注：○　由买方填写　□　由制造厂填写　△　由双方共同填写			
70	现场调试大纲	动/静载荷，管口承受的力和力矩	
△说明			
1	泵的设计寿命为 20 年		
2	泵的设计、制造和检验应符合 API675 的规定		
3	供货商应将填写完整的数据表提供给业主审查和批准		

第四节　三甘醇再生装置

一、总则

(1) 本技术规格书适用于文 96 地下储气库工程的脱水系统的三甘醇再生装置。它提出了该类设备的功能设计、结构、性能、安装和试验等方面的技术要求。

(2) 本技术规格书提出的是最低限度的技术要求，并未对一切技术细节作出规定，也未充分引述有关标准和规范的条文，出卖人应提供符合本技术规格书和有关工业标准的优质产品。

(3) 本技术规格书所使用的标准如遇与出卖人所执行的标准发生矛盾时，按较高标准执行。

二、现场条件

1. 室外条件

1) 气温

年平均温度：13. 4℃。

最冷月平均温度：−14. 3℃。

最热月平均温度：39. 5℃。

极端最低温度：−20. 7℃。

极端最高温度：42. 3℃。

2) 气压

年平均气压：1010mbar。

夏季平均气压：998. 0mbar。

冬季平均气压：1020. 2mbar。

3) 湿度

最冷月平均相对湿度：67%。

最热月平均相对湿度：80%。

4) 降水量

年降水量：534. 5mm。

日最大降水量：276. 9mm。

5）雪

最大积雪厚度：20cm。

6）冻土

土壤最大冻土深度：41cm。

7）地震

濮阳市所在区域属东濮地堑，东有兰聊断裂，西有长垣断裂，黄河断裂贯穿中间，属于邢台—河间地震带的一部分，是华北平原地震活动较频繁的一个区域。根据中国地震烈度区划图，该地区地震基本强度为7级，为七度地震设防区。

2. 公用工程条件

1）供电

仪表供电：220V/50Hz/单相。

2）仪表信号

气信号：0.02~0.1MPa。

电信号：4~20mA。

3）三甘醇再生装置安装地点

室外。

三、标准和规范

三甘醇再生装置设计执行《天然气脱水设计规范》（SY/T 0076—2008），压力容器的设计和制造应取得中国国家质量技术监督局颁发的压力容器设计和制造许可证。

装置的设计、制造和施工，包括所有的压力容器、调节阀、阀门、管线、配件、电动机和通用设备，应遵循以下相关的、最新的技术标准、规范和规程，在报价文件中列出执行的标准规范清单。

《天然气脱水设计规范》（SY/T 0076—2008）；

《天然气》（GB 17820—1999）；

《工业金属管道设计规范》（GB 50316—2000）；

《流体输送用无缝钢管》（GB/T 8163—2008）；

《钢制对焊无缝管件》（GB/T 12459—2005）；

《带颈对焊钢制管法兰》（HG 20617—2009）；

《钢制管法兰用紧固件》（HG 20634—2009）；

《天然气净化厂设计规范》（SY/T 0011—2007）；

《石油天然气工程设计防火规范》（GB 50183—2004）；

《工业设备及管道绝热工程设计规范》（GB 50264—1997）；

《大气污染物综合排放标准》（GB 16297—1996）；

《环境空气质量标准》（GB 3095—2001）；

《恶臭污染物排放标准》（GB 14554—1993）；

《钢制压力容器》（GB 150—1998）；

《钢制压力容器焊接规程》（JB/T 4709—2000）；

《压力容器安全技术监督规程》(1999)；
《过程检测和控制流程图用图形符号和文字代号》(GB/T 2625—1981)；
《油气田及管道仪表控制系统设计规范》(SY/T 0090—2006)；
《天然气净化装置设备及管道安装工程施工及验收规范》(SY 4060—1993)；
《自动化仪表工程施工及验收规范》(GB 50093—2002)；
《石油化工仪表工程施工技术规程》(SH 3521—2007)；
《爆炸和火灾危险环境电力设计规范》(GB 50058—1992)；
《阀门制造及检验参照标准》(API6D)；
《阀门检验标准》(API598)。

四、供货范围

设备名称：三甘醇再生装置(撬装)。

设备台数：1套。

卖方提供1套专为用户设计的撬装式三甘醇再生装置，设计三甘醇再生能力3600kg/h。再生后，三甘醇质量浓度达到99%以上。

每套装置包含：三甘醇再生塔、三甘醇重沸器、三甘醇缓冲罐以及自动控制系统、燃料气系统、配电系统和底撬。

三甘醇再生装置中撬块部分为整体运输。

1套三甘醇撬装再生装置包括以下内容：

(1) 三甘醇再生组合设备(含再生塔、重沸器、缓冲罐及燃烧器)1套。

(2) 撬块内管道、设备防腐。

(3) 撬块内配电箱、控制柜、就地仪表和二次仪表。

(4) 撬块钢结构支架和底盘，含地脚螺栓。

卖方应按经买方最终确认后的合同供货。所有与撬块连接的工艺管道和仪表配管均接至撬边，提供给用户接口处的配对法兰、螺栓、螺母和金属缠绕垫片。提供必要的撬上供操作和维护的操作平台。

可靠性指标：

(1) 该装置年连续运行时率大于8000h。

(2) 设计和制造上述设备及其附件时，卖方应该保证：装置主要设备最低运行寿命为20a。

五、技术要求

1. 总的技术要求

(1) 出卖人提供的设备应功能完整、技术先进，并能满足人身安全和劳动保护要求。

(2) 所有设备均应正确设计和制造，在正常工况下均能安全、持续运行，不应有过度的应力、振动、温升、磨损、腐蚀、老化等其他问题，设备结构应考虑方便日常维护(如加油、紧固等)及维修的需要。

（3）设备零部件应采用先进、可靠的加工制造技术，应有良好的表面几何形状及合适的公差配合。买受人不接受任何带有试制性质的部件。

（4）外购配套件，必须选用优质名牌、节能、先进产品，并有生产许可证及生产检验合格证。严禁采用国家公布的淘汰产品。对重要部件，须取得买受人认可或由买受人指定。对目前国内产品质量尚不过关的部件，可选用进口产品，并在投标时列出需要进口设备部件的清单，由买受人确认。

（5）易于磨损、腐蚀、老化或需要调整、检查和更换的部件应提供备用品，并能方便地拆卸、更换和修理。所有重型部件均应设有便于安装和维修用的起吊或搬运设施（如吊耳、环形螺栓等）。

（6）所用的材料及零部件（或元器件）应符合有关规范的要求，且应是新型和优质的，并能满足当地环境条件的要求。

2. 具体技术要求

（1）三甘醇再生塔。

三甘醇再生塔：不锈钢鲍尔环填料总长度为2600mm，操作压力为0.20MPa，操作温度为100~200℃。

三甘醇再生塔塔顶内冷凝器操作压力为8.0MPa，操作温度为100℃。

三甘醇再生塔与三甘醇重沸器及贫甘醇缓冲罐连接成一体，塔上安装2个吊耳，以便在维修、更换过程中，由提升机械吊装。

（2）三甘醇重沸器。

三甘醇重沸器：火管面积≥15m^2，操作压力为0.20MPa，操作温度为195℃。

采用燃料气直接燃烧加热，具有超温联锁系统、熄火保护系统，可以自动/手动点火。

（3）三甘醇缓冲罐。

三甘醇缓冲罐：体积为3m^3，具有液位上、下限报警与液位自动控制和远传功能，操作压力为0.20MPa，操作温度为100~200℃。

（4）燃料气系统。

须带1台燃料气缓冲分离罐，以及计量仪表，可计量自耗天然气，并将数据上传至控制室DCS系统。

燃料气系统在燃料气缓冲罐出口处设置总切断阀，在停车条件下，由控制室给出紧急关断信号（触点信号），关断三甘醇再生装置的燃料气。

（5）消耗。

正常操作期间，三甘醇损耗量宜小于15mg/m^3的天然气。

（6）污水排放。

在正常运转（包括开停车）时，撬体内所有污水应汇集到污水管线中，并引至撬体边缘，与整个储气库污水系统连接后统一处理。

（7）废气。

卖方提供排放气成分和排放气量。废气排放必须满足《大气污染物综合排放》（GB16297—1996）的要求。

（8）撬体与界区接线均为法兰连接，撬体附带配对法兰。

(9) 撬体上设备管线的安装要方便操作及检修。

(10) 撬体上所选用设备必须是主导厂家的设备。撬体上所有自控仪表均应采用国内外主导厂家的设备。高压部分的压力表根部阀采用双阀组，阀门采用不锈钢针形阀，手动放空和排污部分均采用双阀。

撬体上所有管件均选用标准管件，符合 GB 12459—2005 的要求。

六、设备技术参数及配置

设备名称：三甘醇再生装置。

设备数量：1 套。

处理介质：三甘醇与水的混合物。

密度：1120kg/m^3；黏度：15.45mPa·s；温度：小于 195 ℃(常压)。

三甘醇富液流量：3600kg/h。

再生后三甘醇质量浓度达到 99%以上。

三甘醇富液进口压力：0.33MPa；出口压力：0.03MPa。

七、控制仪表

卖方应该为每套三甘醇再生装置提供一套完整的仪表控制系统，以满足生产安全需要，二次仪表和控制阀安装在撬块上。

采用的设备、系统及材料应是技术先进、性价比高，并且能满足所处环境和工艺条件，在工业应用中被证明是成熟的产品。

每套装置的控制系统应能就地独立完成该装置的控制功能，并将下列信号上传至用户提供的 DCS 系统：

(1) 贫三甘醇再沸器温度远传至控制室(显示、报警)。

(2) 燃料气流量远传至控制室(指示、积算)。

上传至用户 DCS 系统的监测点的变送器均采用隔爆型变送器，防爆等级 Exd ⅡB T4 或等同标准，信号为标准二线制 4~20mA。

所有仪表指示值均应采用 SI 制。

压力变送器应配置二阀组并带就地显示。高压就地压力表应配置截止放空阀。

所有现场安装仪表应满足ⅡB 级别 T4 组别或等同标准的要求。

现场仪表防护等级不低于 IP65。

卖方提供的仪表制造商清单须经用户批准。

仪表精度要求如下：

(1) 就地仪表：压力表、双金属温度计的精度：1.5 级(标定量程)。

(2) 变送器：0.075%(标定量程)。

以卖方提供的撬体的接线箱作为供货边界。如果卖方采用 PLC 控制，则 PLC 控制柜安装在撬上，以控制柜作为供货界面，通信接口和通信协议由双方协商解决。

由卖方提供撬内所需的电缆接头及配件。撬内设备之间的连接电缆及仪表风管线由卖方提供。由卖方负责整套仪表控制设备安装、调试。

三甘醇再生装置的检测点见表3-8，该表为基本(最低)要求，允许厂商在此基础上增加检测点。

表3-8 三甘醇再生装置的检测、控制、报警一览表

检测项目	就地	远传	类型	信号	控制	报警H	报警L
三甘醇再生塔温度检测及调节	√	√	AI、AO	4~20mA	√	√	√
三甘醇缓冲罐液位就地显示	√	√	AI	4~20mA	√	√	√
燃料气调压	√						
燃料气流量检测	√	√	AI	4~20mA			

八、电气

(1) 以卖方提供撬体的配电箱作为电气供货边界。

(2) 装置上每个用电设备应配有HOA开关(HAND/OFF/AUTO)。

(3) 如果需要动力电源，MCC与机组间的接线由买方完成，卖方提供端子型号、导线规格、容量大小等。

九、安全和环境保护

1. 环境空气的质量标准

(1) 卖方应保证所有烟囱(如果有)及排气管所排放的气体符合中国现行标准的有关规定。在操作条件下，在工厂围墙外测得的污染物的浓度不超过表3-9中极限。

表3-9 污染物浓度极限表

污染物	浓度/(mg/m^3)	平均时间
氮的氧化物(以NO_2计)	0.01①	年平均
	0.08①	日平均
	0.12①	1h平均
二氧化硫(SO_2)	0.06①	年平均
	0.15①	日平均
	0.50①	1h平均
微粒(<10μm)	0.10①	年平均
	0.15①	日平均
一氧化碳(CO)	4.00①	年平均
	10.00①	日平均
硫化氢(H_2S)	0.06②	

注：① 中国标准《环境空气质量标准》(GB 3095)；

② 中国标准《恶臭污染物排放标准》(GB 14554)。

(2) 噪声标准及要求：

界区内设备产生的噪声(离噪声源1m)不应超过以下值：

车间的最大噪声≤90dB。

走廊、车间办公室最大噪声≤65dB。

主控制室、通信室等最大噪声≤55dB。

2. 安全工作规定

在设计和制造时，装置应具有很高的安全性和可靠性。为了达到这一目的，在工程建设的基础阶段，卖方应对承包装置进行有关安全性和可靠性的分析。

十、备品、备件及专用工具

卖方应提供开工及正常生产时 2 年使用的易损件的备品、备件。

随机提供 1 套设备所需的专用工具。

备品、备件清单及专用工具应在技术文件中列出。

十一、包装及运输

1. 包装要求

装置撬装及其他附件应分别包装在新的结实的木箱中，以避免运输中的损坏及锈蚀。卖方对由于包装不当引起的货物损坏负责，并承担由此产生的费用。

包装箱内应包括一整套操作及维护手册。

2. 运输要求

三甘醇再生撬整体运输，最大尺寸：长×宽×高为 9m×2. 3m×3. 5m。

十二、保证

1. 所承包装置及配套设施的性能

(1) 卖方应确保所有的设备、器材等都符合数据表和技术要求中所要求的性能，并保证在设计、材料等方面无任何缺陷。

(2) 业主方有权在卖方的工厂、工地，或在现场的试运行和投产期间，或在担保期间对设备、器材等的特性进行检测。

(3) 数据表和技术要求中所列的值为最低的技术要求。

(4) 如果由于未能满足技术说明书的要求，而导致不能满足性能保证的要求时，应由卖方负责一切责任。

2. 性能保证

卖方应保证达到下列所描述的性能：

1) 设计能力

1 套三甘醇再生装置设计能力：3600kg/h 三甘醇富液。

2) 操作弹性

卖方应保证 1 套三甘醇再生装置能够处理的三甘醇流量为设计能力的 50%～120%。

3) 产品的技术要求

再生后三甘醇重量浓度达到大于 99%及以上。

4) 消耗指标

(1) TEG 消耗指标。每处理 10^4m^3 天然气消耗 TEG 不高于 0. 15kg。

（2）公用工程消耗。装置消耗的电、水、仪表风、蒸汽等不能超过设计文件给出的最高值。

3. 保证的验证

（1）在卖方的技术指导下，对装置及配套设施性能进行考核。

（2）在进行性能考核时，业主方应提供足够的操作维修和化验人员，以及足够的公用设施、化学药品、维修材料和必要的服务，并保证装置平稳运行，最终达到预定的性能考核结果。

（3）在投产和运行初期，直到性能考核完成，卖方应提出技术建议，帮助业主方观察和评价装置及配套设施性能。

（4）在对相应的工艺单元进行测试时，要求卖方应提出有关技术方案。

4. 性能考核程序

（1）在性能考核时，应使装置及配套设施平稳运行 72h。

（2）在性能考核前，业主方和卖方应就性能考核的验收文件及具体步骤达成一致。

（3）在性能考核前，应由卖方提供整个装置、配套设施和单个设备考核程序及方案。

（4）当性能考核完毕并达到要求时，应由双方在考核结果的验收文件中共同签字认可。

十三、保证值和保用期

（1）装置要保证各个工况下均能平稳运行，保证三甘醇的流量、温度、浓度等性能指标满足规格书中的要求。

（2）装置的三甘醇消耗要小于规格书中要求的指标，燃料气、仪表风、电力等消耗由卖方计算出消耗量，保证装置能耗较低。

（3）在正常操作条件下，连续运行时间大于 8000h。

（4）在正常操作条件下，3×10^4h 无大修。

（5）使用寿命 20a 以上。

（6）质量保证期为每套设备投运合格后起 12 个月，或设备到现场后 18 个月，以先到者为准。

（7）卖方所供货物均为技术先进的全新、未被使用过的产品。

十四、试验

1. 工厂检验内容

供方应根据有关规范进行工厂试验和检验，证明再生设备及其各部件的性能完全符合该产品质量检验标准，并向业主提交一式三份完整的试验与检验报告及压力容器的有关证明文件和技术资料，检验报告必须是具有签署日期的、装订成册的出厂文件。

供方必须对所提供再生设备进行 100% 的试验和检验，其内容至少应包括：

（1）材料及机械性能检查。

（2）无损探伤试验。

（3）压力容器和压力管线的水压试验。

2. 现场检验和验收

再生装置现场测试须按现场测试程序进行，测试验收合格后，装置进行 72h 正常运转，确认供货范围内的设备仪表等，在已达到要求和相关标准的要求后，双方将签署验收报告。

3. 制造、检验及测试程序清单

（1）流程图。

（2）原材料合格证及检验报告。

（3）设备及管道试压记录。

（4）阀门检查记录。

（5）焊缝无损探伤报告。

（6）仪表设备和材料的产品质量合格证明。

（7）仪表校验记录。

（8）仪表设备交接清单。

十五、安装、试运、培训与售后服务

设备正式投产后的24个月为质量保证期。在质量保证期内，对于非需方原因引起的质量问题，供方应免费为需方维修和维护；对于超过保证期后发生的质量问题，供方也应给予及时维修。同时，供方对设备的正常维修及大修须给予支持。

供货商应提供的售后服务包括：

（1）安装指导及现场调试。

（2）对现场操作工的技术培训。

（3）使用后的维修指导等。

十六、技术资料及交付进度

1. 送审图纸、文件

供货商在合同签订生效2周内，设备制造前，应向业主提供下列技术文件（至少6份），并在收到带意见的图纸后2周内重新提交升版后的图纸和文件；提交图纸和文件时，必须提交相应的图纸和文件目录并注明版次。在得到业主和设计认可后，方可进行设备制造。因图纸、文件未送审而造成的问题由供货商负责。

供货商提供的所有文件和图纸，包括计算公式的单位制应是SI单位。

送审文件应采用A4纸，送审图应采用A3纸、A2纸或A1纸。要求所有送审及完工图纸及文件必须能复印清楚。

2. 主要报批图纸、文件

（1）设备外形尺寸、基础尺寸、接管尺寸、设备安装图。

（2）设备自重、设备充水重等。

（3）三甘醇再生装置数据表。

（4）设备性能及参数描述。

（5）工艺计算书：结构参数计算书、传热计算书、流动阻力计算书。

（6）强度计算书：再生塔、重沸器、缓冲罐计算书。

（7）再生装置制造图。

3. 交货文件

发货时，供货商应提供交货文件6份，交货文件包括但不限于如下内容：

（1）交货清单。

（2）操作维护手册。

（3）机械制造档案。

（4）质量保证档案。

（5）设备竣工图。

（6）产品合格证和质量证明书。

（7）2年用备件清单。

（8）专用工具清单。

4. 具体要求

卖方必须按照安全、可靠、经济、合理、检修方便的原则完成界区内装置及其他配套设施的设计。

卖方应向业主方提供详细完整的工程文件，以满足制造、施工、安装、试运和投产等所有规定的要求，对须完成的工作要向分包方和有关人员提供详细说明，并提出整个工作的操作要求，业主方有权审查和检查工程文件。

卖方应向业主方提供合同所要求的所有文件，文件包括：

（1）设计计算书。

（2）设计技术规定。

（3）设计报告。

（4）图纸，包括PFD、P&ID、平面及竖向布置图、配管图等。

（5）每个单元工程的有关说明(包括工艺流程说明、使用要求溶液浓度、循环量)及应用示例，选择溶液及工艺方法的理由及腐蚀情况等。

（6）基础设计及相关文件。

（7）总体布局及交接资料(包括计算书、平面布置、总图，以及满足每一专业详细设计的相关资料)。

（8）详细设计及相关文件。设计文件中应注明易损件使用年限及需要更换的时间。

（9）能使业主方完成装置及其他配套设施安装及界区内工程建设的有关文件(安装图、载荷位置图、配管图、接线图、连接管线图、设备基础图及构筑物结构图等)。

（10）环境要求。

（11）设备技术规定。

（12）数据表。

（13）设备表(注明生产制造厂家)。

（14）仪表清单。

（15）施工文件。

（16）工艺规程。

（17）投产、操作和维护手册。

（18）提供设备材料、试验、检验报告。

(19) 提供压力容器制造、试验、检验报告。

(20) 卖方应向业主方提供详细说明，包括设备的投产、操作、维修、拆卸、装配、调节及修理。

第五节　三甘醇卸车泵

一、前言

本技术规格书规定了用于文 96 地下储气库工程的脱水系统的三甘醇卸车泵(离心泵)的设计、材料、制造、检验和试验的最低要求。

二、相关资料

1. 引用标准

下列文件中的条款通过本技术规格书的引用而成为本技术规格书的条款。凡是注日期的引用文件，其随后所有的修改单或修订版均不适用于本技术规格书，然而，鼓励根据本技术规格书达成协议的各方研究是否可使用这些文件的最新版本。凡是不注日期的引用文件，其最新版本适用于本技术规格书。

《质量体系 生产安装和服务的质量保证模式》(GB/T 19002—1994)；

《质量体系 最终检验和试验的质量保证模式》(GB/T 19003—1994)；

《爆炸环境用防爆电气设备》(GB 3836. 10 ~12—1991)；

《机电产品包装通用技术条件》(GB/T 13384—1992)；

《灰铸铁件》(GB 9439—1988)；

《球墨铸铁件》(GB/T 1348—2009)；

《合金结构钢》(GB 3077—1999)；

《标牌》(GB/T 13306—1991)；

《钢制管法兰、垫片、紧固件》(HG 20592 ~20635—2009)；

《离心泵、混流泵和轴流泵 汽蚀余量》(GB/T 13006—1991)；

《离心泵技术条件》(GB/T 5657—1995)；

《石油、重化学和天然气工业用离心泵》(GB 3215—2007)；

《回转动力泵、水力性能验收试验 1 级和 2 级》(GB/T 3216—2006)；

《泵的振动测量与评价方法》(JB/T 8097—1999)；

《泵的噪声测量与评价方法》(JB/T 8098—1999)。

2. 业主文件

与本技术规格书相关的文件如下：

1) 规格书

SPC-0001 腐 01-02：设备、阀门外涂层技术规格书。

2) 数据表

DDS-0001 加 01-03：三甘醇卸车泵数据表。

3. 优先顺序

应遵照下列优先次序执行：

(1) 数据表。

(2) P&ID。

(3) 本技术规格书。

(4) 规范和标准。

若本规格书与其他有关的规格书、数据表、图纸及上述规范和标准出现相互矛盾时，应按最为严格的执行。

供货商若有与以上文件不一致的地方，应在其投标书中予以说明，若没有说明，则被认为完全符合上述文件所有要求。即使供货商符合本规格书的所有条款，也并不等于解除供货商对所有提供的设备和附件应当承担的全部责任，所提供的设备和附件应当具有正确的设计，并且满足特定的设计和使用条件及当地有关的健康和安全法规。

对于不能妥善解决的问题，供货商有责任以书面形式通知业主。

三、供货商要求

(1) 供货商应通过ISO9000质量体系认证，有健全的质量保证体系。ISO9000质量证书必须在有效期内。

(2) 供货商应具有与压力和类别相匹配的压力容器设计和制造资格，并具有至少五年以上所提供设备的设计业绩和至少三年以上同类设备的制造经验。同时，具有符合国家压力容器安全监察机构有关法规的要求。

(3) 供货商应能提供良好的售后服务和技术支持。供货商应有在近年来轻烃处理工程或其他类似领域中的供货业绩，设计、制造能力证明及提供长期技术支持的能力。供货商须递交所提供设备的实际应用证明。

(4) 供货商可根据经验、技术和产品，推荐和提供与本技术规格书不同的方案。这些方案应用中文加以详细和完整地描述，以供业主和设计方评估和决策。

(5) 供货商推荐的产品应该是成熟的产品类型，技术先进，并有三台(套)或以上产品在类似工程中成功运行的经验。经过证明，在要求的操作条件下能够稳定、可靠地工作。

(6) 除非经业主批准，供货商提供的设备应完全依照本规格书、数据表及其他相关资料及规范标准的要求。规格书中的任何遗漏都不能作为解脱供货商责任的依据，所有改动应提交给业主批准。

(7) 在用户选用设备恰当和遵守保管及使用规程的条件下，实际工作12个月内或者到货18个月内(以先到者为准)，设备因制造质量不良而发生损坏和不能正常工作时，供货商应该免费为业主更换或修理设备零件、部件，如因此而造成业主人身和财产损失的，供货商应对其予以赔偿。

四、供货范围

1. 概述

供货商应对所提供设备的设计、材料采购、制造、零部件的组装、图纸、资料的提供及与各个分包商间的联络、协同、检验和试验负有全部责任。供货商还应对所提供设备的性能、安装、调试负责。

2. 供货范围

1）设备部分

卖方应提供的设备为各种类型的泵。

每台泵至少包括以下内容：

① 泵体；②防爆电机；③减速器(如果需要)；④机械密封；⑤联合底座(包括地脚螺栓)；⑥联轴器；⑦易损件；⑧泵的辅助管(如果需要)；⑨进出口配对法兰、垫片及紧固件；⑩设备开车专用工具；⑪两年备品备件；⑫调试用备件及润滑剂等消耗品。

2）资料部分

资料清单包括但不仅限于以下内容：

(1) 每种型号泵的性能曲线、外形图、装配图、安装图、接口法兰图。

(2) 泵使用说明书，包括样本、材料、起动、润滑、维修、操作、故障分析等内容。

(3) 检查与试验程序、现场调试程序。

(4) 每台泵的产品合格证书及检验证书。

(5) 每台泵的检查与试验报告。

(6) 防爆电机的防爆证书。

(7) 完工文件：包括机械目录、质量保证档案、操作手册、维修手册。

3）售后服务

(1) 安装指导及现场调试。

(2) 使用后易损件及其他配件的提供。

(3) 使用后的维修指导等。

五、设计基础资料

1. 工作介质

离心泵的工作介质为三甘醇。

2. 站场气象条件

极限最高气温：42.3℃。

极限最低气温：-20.7℃。

年平均相对湿度：67%~80%。

平均年日照时间：2585.2h。

年平均气压：1010.5mbar。

六、技术要求

1. 一般要求

对于所有设备，卖方应提供设备与电机的公共底座，并应考虑电机维修及润滑的便利性。底座的设计应有足够的强度和刚度。

卖方在电机本体提供接线盒及填料函，以便外接电源。

防爆的电机应满足安装区域及防爆等级的要求。

卖方也可推荐其他满足设备使用工况的材料并提交买方批准。

泵进出口应为法兰连接形式；润滑油的温升不超过40℃。泵的首级叶轮应采用双吸叶轮，以提高抗汽蚀能力。泵的轴承应采用高精度轴承，采用风冷的方式冷却。

设备进出口配对法兰、垫片及紧固件应符合下列规定：法兰应选用带颈对焊钢制管法兰(A系)，密封面形式为突面(WNRF)，根据介质、温度、压力的不同，选用的材质为20#、16Mn、0Cr18Ni9等，执行标准为HG 20595；垫片应采用0Cr18Ni9/特制石棉金属缠绕垫片(带内环型)，执行标准为HG 20610；螺栓应选用等长双头螺柱，根据介质、温度、压力的不同，选用的材质为35CrMoA或0Cr18Ni9；螺母应选用六角螺母，根据介质、温度、压力的不同，选用的材质为30CrMo或0Cr18Ni9。

2. 电气要求

(1) 电源要求。电机所接电源为3Ph、380V、50Hz。电机应适合全压起动。电源电压变化不超过额定电压的±10%时，电机在额定负载和频率下应能正常地运行；在电源频率变化不超过额定频率的±5%时，电机在额定负载和电压下应能正常地运行；在频率变化不超过±5%时，电源电压和频率的合成变化不超过额定电压和额定频率的±10%时，电机应能成功地在额定负载下运行。卖方应提供在最大流量下的电机启动电流、电机效率、功率因数、额定电流及静阻转矩。

(2) 防爆与防护要求。除非另有说明，电机应适用于室内安装运行(防护等级为IP44)/室外安装运行(防护等级为IP55)。若电机处于危险区，电机应满足防爆要求。电机绝缘等级应为F级，温升应为B级。

(3) 端子盒和电缆连接。除非另有说明，外接电缆应通过端子盒上的电缆填料函(由卖方提供)连接到端子盒中的接线座上(压接式连接)。

(4) 接地。电机骨架上和端子盒内应配有合适的接地端子，以便进行接地连接。

(5) 闲置处理。电机经过处理和浸渍后，在不需要使用抗冷凝加热器的情况下，应能闲置在所规定的环境下，其绝缘和构成材质都不会遭受有害的影响。

3. 仪控要求

(1) 控制盘应遵守仪表的一般规定。

(3) 控制盘向中控室提供设备的运行状态信号，其他信号进行现场显示及控制。

(4) 需要在中控室进行指示的设备运行状态信号，由供货商在控制盘提供无源信号端子。

(4) 现场仪表至控制盘的信号电缆由供货商负责提供并安装敷设，同时还要提供现场电缆敷设图、控制盘内部端子排接线图等。

4. 涂装要求

设备的涂装应满足使用条件的要求，具体要求见《设备、阀门外涂层技术规格书》(SPC-0001 腐 01-02)。

5. 密封、振动及噪声

(1) 密封。泵运行时，机械密封的泄漏量不应超过表3-10的规定：

表 3-10 泄漏量表

轴径/mm	泄漏量/(mL/h)	轴径/mm	泄漏量/(mL/h)
≤50	3	>50	5

机械密封的泄漏液应集中，便于清除。各静密封面不应泄漏。应采用整体撬装密封，提高泵的密封性能。

(2) 振动。泵的振动烈度限额及测量方法执行《泵的振动测量与评价方法》(JB/T 8097—1999)。

(3) 噪声。泵的运转噪声应符合《泵的噪声测量与评价方法》(JB/T 8098—1999)。泵的输出功率小于80kW时，泵的噪声限额为80dB；泵的输出功率大于80kW而小于160kW时，泵的噪声限额为85dB；泵的输出功率大于160kW时，泵的噪声限额为100dB。

组装前，应对全部零件进行检验，合格后才允许组装。

七、铭牌

卖方应在设备适当的部位安装永久性的由316不锈钢制成的铭牌，铭牌的位置易于观察，内容清晰，其安装可采用不锈钢支架和螺栓固定，但不允许直接将铭牌焊到设备上。

铭牌应为矩形，有边框，铭牌上的文字、符号和线条应为凹形。

铭牌应包括但不限于以下内容：产品全称、位号、型号、流量、扬程、转速、允许汽蚀余量、重量、配用功率、效率、进出口规格、出厂日期、出厂编号等。

八、检测和试验

1. 检验机构

(1) 出厂前，供应商根据国家、行业有关标准进行检验。

(2) 业主根据有关标准及合同进行检验。

(3) 有关质检、环保、安全等机构依据国家法律、法规进行检验。

2. 检验项目和试验内容

卖方应制定设备完整的检查与试验程序，包括所有检验项目及具体时间安排，并提前提交给买方。卖方还应负责检查、试验及第三方检验所需的设备、工具、材料、人员及其资格证明、程序报批、申请买方及第三方检验等工作。具体检验项目和试验内容如下：

(1) 交货检验。转动设备运输到现场后，检查方法与要求应符合SY/T 5548.3的规定。

(2) 泵的叶轮及轴组装时，要做动平衡试验。

(3) 试运转。包括：①空载试验；②负荷运载试验；③密封、温度、振动、噪声检查；④额定工作点试验；⑤汽蚀性能试验。现场试运转时间应不少于48h。试验方法、结果及数据处理应符合GB/T 3216的要求。

(4) 其余零件按图纸检验。

(5) 安装检验。泵在安装前，应逐箱、逐件进行全面的数量清点与外观质量检查。不合格的设备和零件不允许投入安装。

在检查与试验过程中，当出现异常情况时，应进行所需部分或整个装置的拆装工作。对有问题或质量不合格的零部件应进行更换，直到试验合格。对整个过程要进行记录，对不合格的零部件要列出清单。记录、试验报告、失效品清单及产品合格证要在试验过后二周内且在装运准备前提交给买方批准。

卖方还应负责所供装置的现场安装指导及现场调试，直到性能全部符合买方要求。整个过程要有完整的记录、报告，包括出现的问题及解决办法，最后一起提交给买方。

3. 证书

（1）检验和试验报告：卖方提供单台试验和检验报告。

（2）检验证书：卖方提供工厂出具的具有效力的检验证书。

（3）出厂合格证书：每台设备必须具有合格证书，并注明型号、规格、适用介质、制造商名称、生产日期。

（4）防爆电机证书。

九、包装和运输准备

1. 表面处理和涂漆

供货商所提供的设备的表面处理、防腐保护及涂漆应遵循技术规格书《防腐涂装技术规格书》（SPC-0001 腐 01-02）中的规定和要求。

2. 包装和运输

（1）包装、运输按《压力容器涂敷与运输包装》（JB/T 4711）的规定，要适宜海运、铁路及公路运输。

（2）包装应考虑吊装、运输过程中整个设备元件不承受导致其变形的外力，且应避免水和大气及其他外部介质的腐蚀。

包装前，涂漆工作应合格，所有车间试验及买方要求的试验也必须全部合格。首先对所有设备及其附件进行清理、冲洗并干燥。对裸露的机械加工面涂防锈漆。外露的法兰口塞上保护塞或盲法兰并拧紧或用合成树脂密封好。

所有零部件均应包装并紧固好，防止因运输中诸多因素引起散乱、丢失、损坏连接面、腐蚀、影响各零部件的性能等。

每个设备应单独包装，并保证防水、防潮。

现场安装的散件应包装在标有“现场安装”字样的防水零件箱中，随箱装有零件清单和安装图纸，每个零件都要有标签号。

3. 发货要求

（1）当所有的测试和检验已经全部完成，且产品已准备发运时，供货商应通知业主，并请求业主采购部的授权人员签名下达放行指令。在收到业主指令前放行的产品，业主将拒收并拒付任何款项。

（2）当供货商未满足订单中关于运输文件、证书、包装、标识和交货点等方面的要求时，发生的费用由供货商承担。

（3）供货商必须遵守下列要求，除非有业主的书面指示，无任何例外：

①不允许将货物分成几次、几部分发运。

②不允许分供货商将货物直接向业主发运。

③供货商应将订单中规定的由供货商提供的货物的安装、调试和试运工具、配件和消耗品与货物一同发运。

④采用木箱包装。

⑤设备须设吊装环。

⑥应以安全、经济为原则，按合同规定的成套范围、时间将货物运到指定地点。

十、备品、备件及专用工具

供货商应提供用于现场安装、调试、试压、开车等所需的随机备品、备件(免费提供)，以及两年的备品、备件。

供货商还应提供设备维修所需的专用工具，包括专用工具清单和单价在内。

十一、文件要求

1. 语言

对于国外订货的设备，所有文件、图纸、计算书、技术资料等都应使用中英文对照，对于国内定货的使用中文。供货商对翻译的准确度负有完全责任。

2. 单位

供货商提供的所有文件和图纸，包括计算公式的单位制应是SI单位。

3. 文件要求

(1) 供货商在合同签订生效4周内，设备制造前，应向业主提供下列技术文件(至少6份)，并在收到带意见的图纸后2周内重新提交升版后的图纸和文件；提交图纸和文件时，必须提交相应的图纸和文件目录并注明版次。在得到业主认可后，方可进行设备制造。

① 主要受压元件的强度计算书。

② 设备制造图(包括装配图、零部件图及对设备基础的要求)。

③ 设备制造、检验方法和质量保证措施。

④ 如引进，应提供相关的全部最新版本的国外标准和规范。

(2) 图纸和文件审批后，在设备制造过程中如果发生变更，供货商必须以书面形式通知业主，在得到业主的书面确认后方可实施，同时应把变更后的图纸和文件提交给业主。

(3) 由于供货商没有按合同执行而导致的所有设计变更由供货商承担。

(4) 设备交货时，供货商应提供下列技术文件：

① 随机资料清单。

② 设计计算书。

③ 主要受压元件原材料质量证明书及材料复验报告。

④ 主要受压元件原材料无损检测报告。

⑤ 每个设备完工总图及安装图(包括件号、材料、数量、规格、厂家、重量、尺寸、安装要求、维修/操作空间要求等)。

⑥ 设备的说明书，包括泵与电机的样本、性能曲线、安装与启动说明、操作及维修手册、防爆说明书等。

⑦ 检查与试验程序、现场调试大纲。
⑧ 装运及储存建议书。
⑨ 检查与试验报告。
⑩ 每个设备的产品合格证及第三方检验证书。
⑪ 防爆电机的防爆证书。
⑫ 压力试验报告。
⑬ 产品合格证。
⑭ 产品质量证明书。
⑮ 安装、操作、维修手册。
⑯ 设备备品、备件和专用工具清单。
(5) 供货商提供的资料应全面、清晰和完整，并对资料的可靠性负全责。

十二、服务与保证

1. 服务

供货商应提供的售后服务包括：

(1) 安装指导及现场调试。
(2) 对现场操作工的技术培训。
(3) 使用后的维修指导等。

2. 保证

供货商应对其供货范围内的所有事项进行担保，确保设计、材料和制造无缺陷，完全满足本技术规格书和订单的要求。并应保证设备在自发货起的18个月或该设备现场安装之日起的12个月内符合规定性能标准。若在保证期内有任何缺陷，供货商应提供必要的更换和维修，并赔偿各种费用。如因此而造成用户人身和财产损失的，供货商应对其予以赔偿。

如果整套设备的全部或部分不满足担保要求，供货商应立即对设备中的缺陷进行修改、补救、改进或更换设备，直到设备满足规定的条件为止。

供货商应以书面文件阐述所有特殊(非一致性)条件。所有非一致性条件应可处理，“维修”和“照常使用”应经业主核准。表3-11为三甘醇卸车泵数据表。

表3-11 三甘醇卸车泵数据表

注：○ 由买方填写 □ 由制造厂填写 △ 由双方共同填写				
设备编号：6-P2		台数：1台	操作：1台	备用：0台
泵制造厂：		形式：●单级○多级○立式●卧式		型号：
标准：●ANSI/ASME B73.1M		运行方式：○串联 ○并联		使用方式：○连续 ●间歇
●操作条件				
1	输送介质	三甘醇		
2	氯化物浓度/(mg/L)			
3	腐蚀/冲蚀原因			

续表

注：○ 由买方填写 □ 由制造厂填写 △ 由双方共同填写							
4	介质入口温度/℃	最小	10	正常	35	最大	50
5	入口条件下的密度/(kg/m^3)	1120					
6	入口条件下的黏度/mPa·s	19.95					
7	入口条件下的汽化压力/MPa	0					
8	入口压力/MPa	最小	0.01	正常	0.02	最大	0.03
9	出口压力/MPa	0.42					
10	压差/MPa	0.4					
11	扬程/m	38					
12	流量/(m^3/h)	最小	10	正常	40	额定	20
13	有效净正吸入压头/m 水柱	1					
○现场条件							
14	工作场所	○室内 ●露天 ○有遮棚 ○有采暖 ○无采暖 ○粉尘 ○烟雾					
15	海拔/m						
16	环境温度/℃	最小	-20.7	正常	13.4	最大	42.3
17	相对湿度/%	最小	≤67%	正常	70%	最大	80%
18	冷却水水源	○有 ●无					
19	氯化物浓度/(mg/L)						

□性能

20	性能曲线号		设计叶轮最大压头/m	
21	级数		必需汽蚀余量/m	
22	效率/%		汽蚀比转速/[m^3/(s·m)]	
23	轴功率/kW		最小连续稳定流量	
24	设计叶轮最大功率/kW		优先工作区/(m^3/h)	
25	泵转速/(r/min)		允许工作区/(m^3/h)	
26	设计叶轮直径/mm		轴推力/N	
27	最大/最小叶轮直径/mm		转矩/kg·m^2	

△结构

28	主管口	名称	公称尺寸	压力等级	密封面	朝向位置
		进口				
		出口				
29	壳体开孔		□放空	□放净	□仪表	□夹套
		形式				
		规格				

续表

注：○ 由买方填写　□ 由制造厂填写　△ 由双方共同填写

30	密封压盖开孔		□放空	□放净	□冲洗	□封液	
		形式					
		规格					
31	管口法兰标准						
32	泵体安装方式	■底脚	□中心线	□立式	□独立的安装底座		
33	泵壳剖分	■径向剖分	□轴向中开				
34	壳体形式	□圆筒体	□导流壳	□两端支撑	■单蜗壳	□双蜗壳	□其他
35	壳体设计压力/MPa						
36	叶轮形式	■闭式	□开式	□半开式			
37	转向	□逆时针	□顺时针	（从联轴器端看）			
38	传动方式	●直联	○皮带	○齿轮箱			
39	联轴器	○弹性柱销	●弹性膜片	○带加长段			
	□材料						
40	□ API610 材料代号						
41	壳体		轴套		口环		
42	叶轮		喉部衬套		导叶		
43			节流衬套		联轴器		
	△密封和冲洗						
44	●机械密封	○API 代号 21	○机械密封材料		○填料密封		
45	形式	●单端面	○双端面	动环		形式	
		●平衡型	○非平衡型√	静环		填料环数量	
46	□密封管路方案		管道材料	●碳钢无缝钢管	○不锈钢无缝钢管		
47	□辅助密封管路方案		管道材料	○碳钢无缝钢管	○不锈钢无缝钢管		
48	□外冲洗液名称		温度/℃		压力/MPa		流量/（m^3/h）
49	□密封液名称		温度/℃		压力/MPa		流量/（m^3/h）
	□轴承和润滑						
50	轴承形式	□径向	□止推	□	□型号		
51	轴承润滑方式：（泵/电机）	□强制润滑	■抛油环	□油浴	□油雾	□干油	
52	润滑油品种		油量/（L/h）		供油压力/MPa		
53	泵轴承温度/℃	下限		正常		上限	
54	驱动机轴承温度/℃	下限		正常		上限	
	△冷却水						
55	冷却水管路材料	○碳钢无缝钢管	○不锈钢无缝钢管				

续表

注：○ 由买方填写　□ 由制造厂填写　△ 由双方共同填写							
56	○冷却部位	○壳体	○轴承箱	○密封腔	○支座	○密封冷却器	
57	○冷却介质	○循环水	○新鲜水	○冷凝水	○盐水		
58	□总冷却水量/(m^3/h)		□进水/回水压力/MPa		○进水/回水温度/℃		
△仪表							
○泵和电机轴承震动检测一次仪表							
○泵和电机轴承温度、电机定子温度检测一次仪表							
△驱动机							
59	○驱动机类型	●电动机 ○燃气轮机	○制造厂				
60	○安装方式	○B3 ○V1	○型号				
61	○进线方式	○钢管布线 ○塑套电缆√	○启动方式	●直接启动 ○Y-△ ○启动设备			
62	●防爆要求	I类2区	○防护/绝缘要求	IP55/F级			
63	○电源(电压/相/频率)	380V/3相/50Hz	●转速/(r/min)				
64	□启动时间/s		□堵转时间/s				
65	□启动电流/A		□堵转电流/A				
66	□额定电流/A		□功率因数				
67	□加热器功率/电压		○额定功率/kW	2.2			
68	电机定子温度/℃	下限		正常		上限	
69	其他						
○检查和试验							
70	试验		观察	非见证	见证	检查	●材料合格证
		性能	●				●车间检查
		水压	●				○试验后拆卸与检查
		汽蚀余量					
		噪声					
		整机组装	●				
□质量/kg							
71	总重		泵		驱动机/电机		最大维修部件
○主要供货范围							
72	●泵	●电动机	○燃气轮机	●联合底座			
73	●联轴器	●防护罩	○传动装置	○润滑油系统			
74	○要求以法兰连接的辅助管路要配到底盘端面	○进、出口配对法兰及螺栓、螺母、垫片					
75	○泵和电机轴承温度、电机定子温度检测一次仪表	●地脚螺栓、螺母、垫片					

续表

注：○ 由买方填写 □ 由制造厂填写 △ 由双方共同填写			
76	备品备件	○一年 ●两年 ○三年	
○制造厂的资料			
77	机组外形图√	应包括外形尺寸、基础尺寸、安装、维修及主要管口尺寸等	填充完整的数据表
78	泵剖面图√	应标出主要零部件名称	密封装配图
79	试验曲线√	应给出额定点、最小流量点	随机发送操作手册
80	辅助管路图√	应包括放净、放空、冲洗、冷却等管口	
81	现场调试大纲√	动静载荷，管口承受的力和力矩	
△说明			
1	泵的设计寿命为20年		
2	供货商应将填写完整的数据表提供业主审查和批准		

第六节 三层PE外防腐层

一、范围

本规格书适用于文96地下储气库工程天然气管道工程三层PE外防腐层的施工，本规格书阐述了对三层PE防腐层涂敷、原料的检验、测试及防腐层修补的最低要求。

二、规范和标准

《埋地钢质管道聚乙烯防腐层》(GB/T 23257—2009)；

《塑料 拉伸性能的测定 第1部分：总则》(GB/T 1040.1—2006)；

《塑料 拉伸性能的测定 第2部分：模塑和挤塑塑料的试验条件》(GB/T 1040.2—2006)；

《塑料 拉伸性能的测定 第3部分：薄膜和薄片的试验条件》(GB/T 1040.3—2006)；

《塑料 拉伸性能的测定 第4部分：各向同性和正交各向异性纤维增强复合材料的试验条件》(GB/T 1040.4—2006)；

《绝缘材料电气强度试验方法 第1部分：工频下试验》(GB/T 1408.1—2006)；

《固体绝缘材料体积电阻率和表面电阻率试验方法》(GB/T 1410—2006)；

《热塑性塑料维卡软化温度(VST)的测定》(GB/T 1633—2000)；

《聚乙烯环境应力开裂试验方法》(GB/T 1842—1999)；

《热塑性塑料熔体质量流动速率和熔体体积流动速率的测定》(GB/T 3682—2000)；

《化工产品密度、相对密度测定通则》(GB/T 4472—1984)；

《电气绝缘用树脂基反应复合物 第2部分：实验方法 电气用涂敷粉末方法》(GB/T 6554—2003)；

《涂装前钢材表面锈蚀等级和除锈等级》(GB/T 8923—1988)；

《聚乙烯管材和管件炭黑含量的测定 热失重法》(GB/T 13021—1991)；

《涂覆涂料前钢材表面处理 表面清洁度的评定试验 第3部分：涂覆涂料前钢材表面的灰尘评定(压敏粘带法)》(GB/T 18570.3—2005)；

《涂覆涂料前钢材表面处理 表面清洁度的评定试验 第9部分：水溶性盐的现场电导率测定法》(GB/T 18570.9—2005)；

《涂装前钢材表面预处理规范》(SY/T 0407—1997)。

三、供货范围

供货范围见表3-12。

表3-12　三层PE防腐管供货范围

管道规格/mm	防腐层结构			管线长度/m	备注
	环氧粉末层/μm	胶黏剂层/μm	防腐层最小厚度/mm		
ϕ508	≥120	≥170	2.5	20000	普通级
ϕ508	≥120	≥170	3.2	3000	加强级

实际管线长度、防腐等级以施工图设计为准。

四、一般要求

1. 质量保证和控制

生产厂应为有经验的生产商，并且产品有两次以上在本规格书中所提供的类似环境条件下成功使用的经历，买方不接受未经应用过的新试制产品。

防腐层的表面处理、防腐层预制和检查必须在管线防腐厂内完成。生产厂应按照业主已批准的程序、技术要求和检验测试计划进行管线涂敷。施工程序应包括但不限于以下文件：

(1) 在整个施工过程中每件产品正确储存、准备和施工的详细说明。

(2) 装卸、储存和运输程序。

(3) 关于防腐层涂敷条件/参数的详细说明：

① 周围环境参数核查。

② 喷射前目测。

③ 表面喷射处理。

④ 处理表面检查。

⑤ 表面预热。

⑥ 防腐层施工。

⑦ 淬冷。

⑧ 防腐层检验。

(4) 检验程序详细说明。

（5）防腐层修复程序。

（6）检查和修复报告。

（7）纠错方法和程序。

（8）报表格式。

（9）对防腐层原料和已涂敷管线的可追溯系统。

任何背离本规格书的技术要求必须通过书面形式提交业主，并获得批准后方可执行，在未批准前进行的技术改变应视为无效。

2. 原材料标识和管线检查

1）一般要求

原材料和管线的标识和检验应进行记录，记录格式应获得业主批准。

2）防腐层原材料

应明确标识以下内容：

（1）生产厂名称。

（2）商标、型号和名称。

（3）批号。

（4）生产地点和日期。

（5）数量。

（6）质量有效期。

（7）运输及储存要求。

（8）安全要求。

涂敷商应通过记录有关批号和管线编号的对应关系保证原材料的可追溯性。

3）管线的检查和接收

管线到货后，涂敷商应在业主见证的情况下，检查每根管线的尺寸并对检验结果负责，但不包括表面处理后发现的缺陷。对所有管线损伤、腐蚀、凹痕和擦伤进行检查，钢管焊缝的余高不得超过2.5mm，且焊缝应平滑过渡，对发现的腐蚀、损伤和其他缺陷做记录；在进行检查时，要核实管线的标识和厂家产品证书，确保能正确地识别和追溯所有的管线。检查完毕剔除有缺陷的管线，并对接收的管线进行标识和记录。

4）管线的标识和跟踪

标识和跟踪程序由涂敷商编制，经业主批准；管线上所有标识应保持一致，并能防风、防雨。

五、防腐层材料

1. 证书

三层PE防腐层所用的原材料应该是近期生产的高质量的且不存在任何影响到性能的缺陷，生产工艺必须达到行业要求，以确保聚乙烯防腐层产品的质量。

所有原材料都应具有出厂检验合格证书、产品说明书和质量证书等有关技术资料。

2. 防腐层材料的技术要求

卖方应保证原材料完全匹配，并保证所生产的防腐管在规定的设计使用环境（设计使用温度 20℃，设计使用寿命 30a）下长期使用。

在合同有效期内，卖方不得更换已批准的原材料，并向业主提交按规格书要求所必需的原材料的鉴定试验结果。

1）环氧粉末

环氧粉末应能满足预生产试验的要求，用于三层 PE 的环氧粉末原材料进行的所有试验结果和试验方法均应提交业主，并符合表 3-13 及表 3-14 的要求。

表 3-13　环氧粉末的性能指标

序　号	项　目	性能指标	测试方法
1	粒度分布/%	150μm 筛上粉末≤3.0 250μm 筛上粉末≤0.2	GB/T 6554
2	挥发分/%	≤0.6	GB/T 6554
3	密度/（g/cm^3）	1.3～1.5	GB/T 4472
4	固化时间（200℃）/min	≤3	GB/T 23257
5	胶化时间（200℃）/s	≥12	GB/T 6554
6	热特性：ΔH/（J/g） 热特性：Ts_2/℃	≥45 ≥95	GB/T 23257

表 3-14　熔结环氧涂层的性能指标

序　号	项　目	性能指标	测试方法
1	附着力/级	≤2	GB/T 23257
2	阴极剥离（65℃，48h）/mm	≤8	
3	阴极剥离（65℃，30d）/mm	≤15	
4	抗弯曲（-20℃，2.5°）	无裂纹	

注：实验室喷涂件的涂层厚度应为 300～400μm。

2）胶黏剂

胶黏剂应与其他组成完全匹配，并符合涂敷要求，满足表 3-15 的技术要求。

表 3-15　胶黏剂的性能指标

序　号	项　目	性能指标	测试方法
1	密度/（g/cm^3）	0.92～0.95	GB/T 4472
2	熔体流动速率（190℃，2.16kg）/（g/10min）	≥0.7	GB/T 3682
3	维卡软化点（10N）/℃	≥90	GB/T 1633
4	脆化温度/℃	≤-50	GB/T 5470
5	氧化诱导期（200℃）/min	≥10	GB/T 23257
6	含水率/%	≤0.1	HG/T 2751—1996
7	拉伸强度/MPa	≥17	GB/T 1040
8	断裂伸长率/%	≥600	GB/T 1040

3）聚乙烯

聚乙烯专用料及其压制片材的性能应符合表 3-16 和表 3-17 的规定。

表 3-16　聚乙烯专用料的性能指标

序　号	项目	性能指标	测试方法
1	密度/(g/cm^3)	0.94~0.9.6	GB/T 4472
2	熔体流动速率(190℃，2.16kg)/(g/10min)	≥0.15	GB/T 3682
3	炭黑含量/%	≥2	GB/T 13021
4	含水率/%	≤0.1	HG/T 2751—1996
5	氧化诱导期(200℃)/min	≥30	GB/T 23257
6	耐热老化(100℃，4800h 或 100℃，4800h)/%	≤35①	GB/T 3682

注：① 耐热老化指标为试验前后的熔体流动速率偏差。常温型：试验条件为 100℃，2400h；高温型：试验条件为 100℃，4800h。

表 3-17　聚乙烯专用料压制片的性能指标

序　号	项目		性能指标	测试方法
1	拉伸强度/MPa		≥20	GB/T 1040
2	断裂伸长率/%		≥600	GB/T 1040
3	维卡软化点/℃		≥110	GB/T 1633
4	脆化温度/℃		≤-65	GB/T 5470
5	电气强度/(MV/m)		≥25	GB/T 1408
6	体积电阻率/Ω·m		$\geq 1\times10^{13}$	GB/T 1410
7	耐环境应力开裂(F50)/h		≥1000	GB/T 1842
8	压痕硬度/mm(23℃) 压痕硬度/mm(50℃或 70℃)		≤0.2 ≤0.3	GB/T 23257
9	耐化学介质腐蚀（浸泡 7d）/%	10%HCl	≥85①	SY/T 0413
		10%NaOH	≥85①	
		10%NaCl	≥85①	
10	耐紫外光老化(336h)/%		≥80①	SY/T 0413

注：① 耐化学介质腐蚀及耐紫外光老化指标为试验后的拉伸强度和断裂伸长率的保持率。

4）聚乙烯防腐层技术要求

三层 PE 防腐层质量应符合表 3-18 及表 3-19 的规定。

表 3-18　聚乙烯层的性能指标

序　号	项目		性能指标	测试方法
1	拉伸强度	轴向/MPa	≥20	GB/T 1040
		周向/MPa	≥20	
		偏差/%	≤15①	

续表

序 号	项 目		性能指标	测试方法
2	断裂伸长率/%		≥600	GB/T 1040
3	耐环境应力开裂(F_{50})/h		≥1000	GB/T 1842
4	压痕硬度/mm	23℃±2℃	≤0.2	GB/T 23257
		50℃±2℃	≤0.3	

注：① 偏差为轴向和周向拉伸强度的差值与两者中较低者之比。

表 3-19 防腐层的性能指标

序 号	项 目		性能指标	测试方法
1	剥离强度/(N/cm)	20℃±10℃	≥100	GB/T 23257
		50℃±5℃	≥70	
2	阴极剥离(65℃，48h)/mm		≤8	
3	冲击强度/(J/mm)		≥8	
4	抗弯曲(2.5°)		聚乙烯无开裂	

3. 原材料的接收

交货前，原材料必须经过检验，对装箱标识和有关技术文件要核查无误。对于不符合本技术规格书要求的原材料必须立即进行隔离。材料在使用前，应由业主按规格书要求组织抽检，性能达不到要求的材料不得使用。

4. 原材料保存

原材料的储存要遵循以下原则：

(1) 涂料包装箱应防止太阳照射，远离热源和有明火的地方。

(2) 包装箱不得直接与地面接触。

(3) 应遵循原料生产厂家的储存条件。

(4) 对于变质的原料必须予以清除。

六、涂敷

1. 表面预处理

在喷(抛)射除锈处理前，必须按标准 SY/T 0407 的要求除掉表面的油和油脂污物。

在喷(抛)射前，应先对管子预热以去除潮湿，管子表面的温度保持高于露点至少3℃，但在喷(抛)射和检查过程中温度应低于 100℃。

在喷(抛)射除锈完后，不得用酸洗或其他清洗溶液或溶剂清洗，包括防止生锈的缓蚀性洗涤剂。

表面处理应符合 SY/T 0407 标准的规定。

除锈质量等级应达到 GB/T 8923 中 Sa2.5 级的要求。

喷(抛)射磨料必须采用符合标准的钢丸或铁丸、铁砂，也可采用经过批准的其他磨料。供喷砂处理使用的压缩空气必须干燥洁净，不得含有水分、油污及其他污染物。卖方必须提交获得批准的和对循环磨料质量定期检查的程序。

喷(抛)射除锈处理后，表面锚纹深度必须达到50~75 μm。

表面预处理完后，所有的铁锈、油污、氧化皮等应清除干净，钢管表面的灰尘度必须低于GB 18570.3规定的2级，钢管表面的盐分不得超过20mg/m^2，并在4h内进行涂料的涂敷，当表面返锈或污染时，必须重新进行表面处理。

2. 不完整表面处理

对可能产生防腐层漏点或妨碍管道表面达到Sa2.5级要求的不完整缺陷表面，应通过锉/研磨的方法消除，任何锉/研磨不允许减薄管道壁厚。喷(抛)射除锈后，确定为不完整表面的管道，通过锉/研磨的方法消除缺陷单个面积大于5cm^{2}或超过3个缺陷的管线，否则必须重新进行喷(抛)射处理。

3. 防腐层施工

1）管线涂敷温度

钢管加热温度应达到防腐层系统组分厂家推荐的要求，但最高不得超过275℃。每小时应至少记录一次温度。

2）防腐层厚度

PE防腐层最小厚度应符合表3-12的规定。三层PE防腐层胶黏剂的涂敷必须在环氧粉末胶化过程中进行。

3）管端预留

钢管两端预留长度为140mm±10mm，且聚乙烯层端面应形成≤30°的倒角。

七、预生产试验

1. 一般要求

在开始生产前，对每种规格的防腐层结构应准备4根管子做预生产试验，其中2根用于环氧粉末层试验，另外2根用于完成三层PE的涂敷。

2. 环氧粉末预涂敷试验

1）目测

对外防腐层外表面进行100%检查，若有必要，可利用光学设备进行检测，管线表面应平整、色泽均匀，无气泡。

2）厚度

用防腐层测厚仪对每个涂敷环氧粉末防腐层的管子进行防腐层厚度检查，在每根管子上间隔一定长度取3个位置，测量每个位置圆周方向均匀分布的任意4点的防腐层厚度。

3）附着力

用锋利刀刃垂直划透防腐层，形成边长约40mm、夹角约45°的V形切口。用刀尖从切割线交叉处挑剥切口内的防腐层。防腐层很难被挑起，挑起的防腐层呈脆性点状断裂，不出现成片被挑起。每根管线测3个点。

3. 三层 PE 防腐层预涂敷试验

1）目测

防腐层外观采用目测法逐根检查，防腐层表面应平滑，无暗泡、无麻点、无皱折、无裂纹，色泽应均匀。

2）漏点

采用电火花检漏仪对每根钢管的全部防腐层做漏点检查，最小检测电压为 25kV。应无漏点。

3）厚度

用防腐层测厚仪对每根涂敷的管子进行防腐层厚度检查。在每根管子上间隔一定长度取 3 个位置，测量每个位置圆周方向均匀分布的任意 4 点的防腐层厚度。防腐层厚度应符合表 3-12 的要求。

4）剥离强度

按标准 SY/T 0413 中附录 G 的要求对每根涂敷三层 PE 的管线进行剥离强度测试。剥离强度符合表 3-19 的要求。

5）冲击强度

按标准 SY/T 0413 中附录 H 的要求对每根涂敷三层 PE 的管线进行冲击强度测试，结果符合表 3-19 的要求。

6）压痕硬度

按标准 SY/T 0413 中附录 F 的方法进行压痕测试。每个管线做 3 次试验，在 25℃时，压痕深度不得超过 0.2mm。

7）断裂伸长率

按标准 GB/T 1040 中的规定进行测试，断裂伸长率不得低于 600%。

8）阴极剥离强度

按标准 SY/T 0413 中附录 B 的方法进行测试，结果符合表 3-19 的要求。对每根管子取 3 个试件进行试验。

八、产品质量控制要求

1. 防腐层原材料

按本规格书的要求，卖方应向业主提交每批原材料的检验测试结果。

2. 钢管检验

1）钢管目测

在进行喷砂除锈前，对每根钢管进行目测寻找缺陷。卖方应选择有资质的人员进行检测，应剔除不合格的钢管。这些不合格管道应经过业主复核。

2）表面处理

喷砂除锈后，对管线的表面进行检验（包括含盐量），管子表面清洁度达到 GB/T 8923 中 Sa2.5 级的要求，用锚纹测量仪或其他类似的方法测量锚纹深度，应清除干净钢管表面的焊渣、毛刺等。检测频率为每小时 1 次，对任何表面处理不合格的管子必须重新进行处理。

3. 三层PE防腐层的检验

1）目测

防腐层外观采用目测逐根检查。聚乙烯层表面应平滑，无暗泡、无麻点、无裂缝，色泽应均匀，对于不合格管子应予以剔除。

2）漏点检测

每根管线按本规格书的要求进行检验，以无漏点为合格。检漏仪的检漏电压应每4h用伏特计校对一次。单管有两个或两个以下漏点时，可按本规格书的要求进行修补；若单管有两个以上漏点时，该管为不合格，应剥掉重新涂敷，最终成品防腐层不允许有漏点。

3）厚度

对每根管线按本规格书进行检验。测量仪器应至少每班校对1次，对每连续生产批至少应检查第1根、第5根和第10根钢管的防腐层厚度，之后每10根至少测1根。仅在焊缝部位防腐层允许减薄，但不得小于表3-12规定的70%。

4）剥离强度

防腐层的附着力按SY/T 0413附录G的方法通过测定剥离强度进行检验。结果应符合表3-19的要求，每4h至少在两个温度下各抽测1次。

5）管端预留

每根管线预留长度应符合本规格书的要求。管端裸露的金属表面应采用经业主批准的方法进行保护，该方法对PE防腐层的强度和附着力不得产生影响，且在焊接前进行表面处理时易于除去。

6）阴极剥离

每连续生产的第10km、第20km和第30km的3PE防腐管，均应按SY/T 0413中附录B的方法进行一次阴极剥离性能检测，之后每50km进行一次阴极剥离试验，结果应符合表3-19的规定，若不合格，应加倍检验。当加倍检验全部合格时，该批防腐管为合格；否则，该批防腐管为不合格。

7）拉伸强度和断裂伸长率

每连续生产50km防腐管应截取聚乙烯层样品，按GB/T 1040的要求检验其拉伸强度和断裂伸长率，结果应符合表3-18的规定。若不合格，可再截取1次样品；若仍不合格，则该批防腐管为不合格品。

九、防腐管修补

管线涂敷过程在线电火花检漏以无漏点为合格，单管有两个或两个以下漏点时可进行修补。由于搬运、储藏造成的管线防腐层损伤可以修补。卖方应提供详细的防腐层修补程序，并经业主批准。

涂敷管线在交货前，必须用电火花检漏仪检查漏点，检漏电位为25kV，检漏速度为0.3m/s，对防腐层存在损伤的管线，应进行修复或重涂。聚乙烯外防腐层损伤使防腐层总厚度低于要求厚度的70%时，缺陷必须修复。每根管线露出胶黏剂或底漆的缺陷数为2个以下且损伤总面积不超过40cm^2，防腐层缺陷可以修补，若超过以上规定，防腐管应重涂，业主不承担卖方因重涂发生的费用。

防腐层的修补应符合以下标准：

(1) 目测无缺陷。

(2) 电火花检漏无漏点。

(3) 总厚度不得小于表 3-12 的规定。

(4) 对缺陷修补的每根涂敷管应做记录。记录包括管线编号、缺陷直径及检查结果。

十、标志、搬运、贮存和运输

(1) 涂敷商应提供涂敷所需的设备、场地、人力和监督管理，并完成以下工作：

① 管线外防腐层涂敷、试验和检查工作。

② 所有试验管线的修复应由卖方承担，对不合格的管线应刮去防腐层重新按本规格书要求进行涂敷。

③ 出货前，对所有的缺陷必须进行修复。

④ 防腐管的贮存。

⑤ 防腐管的运输和搬运。

(2) 卖方卸裸管时所用的吊带等工具应经业主批准，以防止对管线产生损害。

(3) 管线底层应用木垫支撑或采用经业主批准的方法支撑。

(4) 对检验合格的防腐管，应在距管端 400mm 处标有产品标识，产品标识应包括：钢管规格；钢管编号；防腐层结构、防腐层等级、防腐管编号、执行标准；生产厂名称、生产日期。

(5) 在装卸、运输涂敷管时，应避免损伤防腐层，不允许涂敷的管线与金属直接接触。

(6) 堆放的涂敷管应保持干净，底部采用木垫支撑并用遮盖物对防腐管加以保护。

(7) 防腐管堆放层数不得超过 5 层。

(8) 在整个储存期间，卖方应对管线的涂敷层质量负责，对损伤应修复至业主满意为止。

十一、文件

1. 生产前提交文件

至少在开工前 30 天，涂敷商应提交获得业主批准的涂敷程序和检测计划文件。

2. 生产过程提交文件

(1) 日报。

(2) 检测报告。

3. 最终提交的文件

在管线全部涂敷完成 2 周内，涂敷商应提交以下文件：

(1) 每批涂料生产厂家证书。

(2) 所有材料和防腐层的检查、测试和修补记录。

(3) 其他文件。

十二、安全

卖主应遵守安全、卫生和劳动保护的相关规程。对材料库房应进行通风，并遵循有关安全和消防的法律规定。

第七节 恒电位仪

一、前言

1. 范围

本规格书适用于文96地下储气库工程的强制电流阴极保护系统的恒电位仪。同时，本规格书阐述了对恒电位仪的设计、制造、检验、供货及运输保护的最低要求。

2. 卖方的职责

卖方应对恒电位仪的设计、制造、供货、检查和试验负全部责任，并保证所提供的恒电位仪满足相关标准、规范及本规格书的要求。

二、相关资料

1. 规范和标准

《电网电源供电的家用和类似一般用途的电子及有关设备的安全要求》(GB 8898)；

《建筑防雷设计规范(2000年修订版)》(GB 50057—1994)；

《低压直流电源设备的特性和安全要求》(GB/T 17478—1998)；

《埋地钢质管道阴极保护技术规范》(GB/T 21448—2008)；

《钢质管道及储罐腐蚀控制工程设计规范》(SY 0007—1999)；

《电力用高频开关整流模块》(DL/T 781—2001)。

2. 优先顺序

若本规格书与有关的其他规格书、数据表、图纸及上述规范和标准出现相互矛盾时，应遵照下列优先次序执行：

(1) 数据表。

(2) 其他供参考的规格书。

(3) 本规格书及其附属文件提及的规范和标准。

对于不能妥善解决的矛盾，卖方有责任以书面形式通知买方。

卖方设备若有与以上文件不一致的地方，应在其投标书中予以说明，若没有说明，则被认为完全符合上述文件所有要求。

即使卖方设备符合本规格书的所有条款，也并不等于解除卖方对提供的所有设备、材料和附件应当承担的全部责任，以及所提供的设备、材料和附件应当具有正确的设计，并且满足特定的设计和使用条件或当地有关的健康和安全法规。

三、供货范围

1. 概述

卖方应对恒电位仪及材料的设计，材料采购、制造、零部件的组装，图纸、资料的提供，以及与各个分包商间的联络、协同、检验和在不同场所进行的试验负全部责任。

所提供的设备及材料首先应是制造厂的标准产品，并且最少有两台以上的类似规格产品在本规格书中所提供的环境条件下成功运行两年以上的经历，买方不接受未经使用的新试制产品。

卖方还应对设备及材料的性能、安装、调试负责。

2. 范围

数控高频开关恒电位仪 20V/10A(4 台)。

3. 材料

本设备所有选用的材料和零件均应是新的未经使用的高质量的，以及不存在任何影响其性能的缺陷。

4. 保证

在买方选用设备、材料恰当和遵守保管及使用规程的条件下，从卖方发货之日起 18 个月内，或者连续运转不超过 12 个月(取时间较长者)，设备或材料因制造质量不良而发生损坏和不能正常工作时，卖方应免费为买方更换或修理设备零件、部件，如因此而造成买方人身和财产损失的，卖方应对其予以赔偿。

四、恒电位仪

1. 使用环境

室内温度：−30~45℃。

相对湿度：15%~90%。

2. 电源

AC 220V(±10%)，50Hz(±5%)。

3. 安全要求

(1) 绝缘电阻：输入对机壳的绝缘电阻≥50MΩ。

(2) 击穿强度：设备的电源进线对机壳击穿电压≥2000V(有效值，50Hz，试验时间 1min)，不应该出现闪烁和击穿。

4. 基本参数

(1) 波纹系数：满负荷时≤2%。

(2) 流经参比电流：≤1μA。

(3) 恒电位范围：−2.500~1.000V，连续可调。

(4) 恒电位控制精度：在额定环境温度下，连续工作≤±5mV。

(5) 恒电流控制精度：在额定环境温度下，连续工作≤±1%。

(6) 满载工作效率：≥90%。

(7) 抗工频干扰能力：≥30V。

（8）输入阻抗(参比、零位之间)：≥2MΩ。

5. 基本功能

1）手控功能

当恒电位仪处于“恒电位”工作状态时，由于受到参比电极实效或自控线路损坏等影响，不能正常工作后，恒电位仪应能手动调节输出电流而不影响阴极保护正常工作。

2）断电测试功能

在测试期间，输出电流中断3s不报警。从断电转通电状态，能在50ms内达到稳定状态。

3）过流保护

（1）在仪器的交流输入端和直流输出端应安装快速断电设施。

（2）当输出电流达到仪器额定值的102%~110%时，仪器自动进入限流状态并发出声光报警(此信号能远传)。当负载电流减至额定值以下后，仪器能自动恢复正常工作。

4）抗交流干扰

（1）抗持续干扰。当管地电位叠加有小于30V(有效值)的交流干扰时，不影响电量变换管地电位的交换精度。

（2）抗瞬间干扰。当输入电源为1000V(AC)0.2s时仍能正常工作。

5）防雷击保护

在仪器的输入端、输出端应安装防雷击保护设施。电源输入端及直流输出端采用电压开关型浪涌保护器(开关型SPD)，达到B级防雷等级，标称放电电流≥40kA。参比输入端采用电压开关型浪涌保护器(开关型SPD)和电压限制型浪涌保护器(限压型SPD)组合而成的防雷保护单元，达到C级防雷等级，综合标称放电电流≥20kA。

6）机壳及涂漆

仪表机壳应使用1.0mm厚冷轧钢板，机壳表面涂层应能满足设计环境操作条件，具有良好的耐候性、保色性和优良的防腐性能，要求涂层色泽均匀、光滑、平整。保护等级为IP54。

7）接线端子

仪器应有下列接线端子：

（1）交流电源输入。

（2）输出阴极、输出阳极。

（3）零位接阴。

（4）参比电极。

（5）给定电位远控。

（6）机壳接地端子。

8）印刷电路板

恒电位仪印刷电路板应采取防潮、防盐雾、防霉措施。

五、检验、试验和证书

1. 检验机构

（1）出厂前，供货商根据有关标准进行检验。

(2) 买方根据有关标准及合同进行检验。

(3) 有关质检、环保、安全等机构依据国家法律、法规进行检验。

2. 检验项目和试验内容

1) 到货检验

按本规格书供货范围和合同要求进行设备和材料检查，包括但不限于以下内容：

(1) 包装、标识、外观检查。

(2) 品种、规格、数量及质量检查。

(3) 产品说明书、检测报告、安装图纸等资料检查。

2) 性能检验

供货商应提供各项设备和材料制造、检测的技术标准和规范。买方按本规格书规定的关于设备的技术要求及相关标准对恒电位仪等进行逐项检查和验收。

3) 安装检查

在进行阴极保护系统安装时，应对设备和材料进行核对和检查，不合格设备不允许投入安装。

3. 证书

卖方应提供包括但不限于以下证书：

(1) 产品合格证，注明品种名称、规格型号、生产日期、批号、净重、有效期、生产厂商、编号等。

(2) 由权威检测部门出具的产品性能检测报告和试验报告。

(3) 产品使用说明书。

4. 铭牌

卖方应在设备适当的部位安装永久性的由316不锈钢制成的铭牌，铭牌的位置易于观察，内容清晰，其安装可采用不锈钢支架和螺栓固定，但不允许直接将铭牌焊到设备上。

铭牌应包括但不限于以下内容：产品全称、规格型号、输入、输出、功率、出厂日期、出厂编号等。

六、性能保证

除非买方以书面的方式另行同意，卖方对其所提供的设备应承担如下保证：

(1) 在本规格书限定的环境条件下能正常、可靠地运行，并达到规定的设计参数。

(2) 通过试验证实卖方对各项性能方面的保证。

(3) 提供必要的技术培训、施工技术咨询和其他有关的售后服务。

七、运输要求

供货商必须遵守下列要求，除非有总包商的书面指示，否则无任何例外：

(1) 保证所有设备、材料都是按照适当的方式进行包装和运输，以确保设备和材料的完好性。

(2) 每个货物集装箱或包装箱都必须在明显位置用油漆或其他方式刷上清晰可读

的运输防护标志，如防水、防晒、不准倒置等，须标识吊装重心，并在装卸时严格遵守。

(3) 不允许不经验收就发运货物。

(4) 供货商应将订单中规定的由供货商提供的货物的安装、调试和试运工具、配件和消耗品与货物一同发运。

(5) 应按照安全、经济的原则，按合同规定的成套范围、时间将货物运到指定地点。

八、文件图纸和数据要求

卖方应根据买方的采办文件规定提供所要的一切资料，这些资料应包括如下内容：

(1) 设备有关资料(设备及部件的布置、外形尺寸、设备自重、配电要求、安装图、恒电位仪接线图等)。

(2) 设备、材料性能资料。

(3) 有关设计、制造、检验标准规范和检测方法。

注：合同生效后一周内，卖方将以上资料提供给买方。

合同生效后，卖方将设备的主要图纸、材料单、计算书和数据表分批提供给买方审查和批准，在未经批准前不得擅自开工生产。

第八节 热收缩补口带(套)

一、前言

1. 范围

本规格书适用于文96地下储气库工程中三层PE外防腐涂层管线的现场补口热收缩补口带(套)的技术要求，本规格书阐述了对热收缩补口带(套)的材料、安装、检验及测试的最低要求，本规格书不适用于定向钻段管线补口所用的热收缩补口带(套)。

2. 适用条件

本规格书适用于以下条件的管线(表3-20)：

表3-20 适用管线

管线型号	最大设计温度	设计寿命
ϕ508输气管线	50℃	30年

注：补口带(套)规格和数量以详细设计为准。

二、规范和标准

《涂装前钢材表面锈蚀等级和除锈等级》(GB/T 8923—1988)；

《埋地钢质管道聚乙烯防腐层》(GB/T 23257—2009)；

《涂装前钢材表面预处理规范》(SY/T 0407—1997)。

三、供货范围

1. 概述

卖方应对聚乙烯热收缩补口带(套)的设计，原材料采购、生产、安装、资料的提供，以及与各个分包商间的联络、协同、检验和在不同场所进行的试验负全部责任。

所提供的聚乙烯热收缩补口带(套)首先应是生产厂的标准产品，并且有两次以上在本规格书中所提供的类似环境条件下成功使用的经历，买方不接受未经使用的新试制产品。

2. 材料

聚乙烯热收缩补口带(套)所有选用的原材料均应是近期生产的高质量的，且不存在任何影响其性能的缺陷，以及生产工艺必须达到本规格书的要求，以确保聚乙烯热收缩补口带(套)产品的质量。

四、技术要求

1. 一般要求

热收缩补口带(套)是由双组分液体环氧底层+辐射交联聚丙烯热收缩补口带(套)组成的三层结构。

热收缩补口带(套)应适合在表 3-20 规定的最大设计温度下长期使用，也能满足在正常敷设条件下补口层不受损伤。

2. 尺寸要求

热收缩补口带(套)的宽度应覆盖裸露的金属表面，在其安装和完全收缩后，在现有涂层两端搭接应大于 50mm，管线防腐层两端预留 140mm±10mm 的光管端。

无溶剂液体环氧涂层：干膜厚度≥500μm。

基材厚度≥1.5mm，胶黏剂层厚度≥1.0mm。

热收缩补口带(套)的宽度≥520mm，热收缩补口带(套)应配套固定片，固定片宽度应≥150mm。

3. 材料

1) 底漆

配套底漆采用无溶剂双组分液体环氧涂料，其性能应符合表 3-21 的规定。

表 3-21　无溶剂液体环氧底漆性能指标

序号	项目	指标	测试方法
1	固含量/%	100	
2	固化后剪切强度/MPa	≥5.0	SY/T 0041
3	阴极剥离强度(70℃，30d)/mm	≤15	SY/T 0413

2) 聚乙烯热收缩带(套)

聚乙烯热收缩带(套)性能应符合表 3-22 的要求。

表 3-22 聚乙烯热收缩带(套)性能指标

序号	项目		指标	测试方法
基材性能[a]				
1	拉伸强度/MPa		≥17	GB/T 1040
2	断裂伸长率/%		≥400	GB/T 1040
3	维卡软化点/℃		≥90	GB/T 1633
4	脆化温度/℃		≤-65	GB/T 5470
5	耐环境应力开裂时间(F_{50})/h		≥1000	GB/T 1842
6	耐击穿电压强度/(MV/m)		≥25	GB/T 1408
7	体积电阻率/Ω·m		$\geq 1\times10^{13}$	GB/T 1410
8	耐化学介质腐蚀(浸泡7d)/%[b]	10%HCl	≥85	GB/T 23257
		10%NaOH	≥85	
		3%NaCl	≥85	
9	耐热老化(150℃，21d)	拉伸强度/MPa[c]	≥14	GB/T 1040
		断裂伸长率/%	≥300	
10	热冲击(225℃，4h)		无裂纹、无流淌、无垂滴	GB/T 23257
胶层性能				
11	胶软化点(环球法)(最高设计温度为50℃时)/℃		≥90	GB/T 4507
12	搭接剪切强度(23℃)/MPa 搭接剪切强度(50℃)/MPa		≥1.0 ≥0.05	GB/T 7124
13	脆化温度/℃		≤-15	GB/T 23257
14	剥离强度/(N/cm) 热收缩带(套)/环氧底漆钢(23℃) 热收缩带(套)/环氧底漆钢(50℃) 热收缩带(套)/聚乙烯层(23℃) 热收缩带(套)/聚乙烯层(50℃)		内聚破坏 ≥70 ≥10 ≥70 ≥10	GB/T 2792

注：a 除热冲击外，基材性能须经过200℃±5℃，5min，自由收缩后进行测定。

b 耐化学介质腐蚀指标为试验后的拉伸强度和断裂伸长率的保持率。

c 拉伸强度为10mm/min。

3）热收缩带(套)安装系统的性能指标

热收缩带(套)安装系统的性能指标应符合表3-23的要求。

表 3-23 热收缩带(套)安装系统的性能指标

序号	项目	性能指标	测试方法
1	阴极剥离(最高使用温度，30d)/mm	≤25	GB/T 23257
2	冲击强度/(J/mm)	≥15	
3	耐热水浸泡(最高使用温度，120d)	无鼓泡、无剥离，膜下无水	

五、提供的文件

热收缩补口带(套)制造商须提供以下文件：

(1) 热收缩补口带(套)型号、尺寸及相关的技术文件。

(2) 用于检测热收缩补口带(套)性能指标执行的标准、规范和测试方法。

(3) 热收缩补口带(套)详细安装说明。

以上文件应包含以下参数：

(1) 胶软化点。

(2) 黏接力。

(3) 延长率。

(4) 冲击强度。

(5) 阴极剥离。

(6) 剪切强度。

(7) 耐环境应力开裂。

(8) 在收缩时，固定片的最大滑动距离。

(9) 耐热性。

(10) 耐热老化性。

六、标识

每个热收缩补口带(套)和固定片应标有制造商名称、产品类型和编码的标识。

七、包装

热收缩补口带(套)和固定片内表面应覆盖合适的易于移动且阻止灰尘的包装纸。

每个包装上必须清楚地标明生产商名称、编码、制造日期。

八、储存和搬运

热收缩补口带(套)必须放置在仓库内，防止阳光照射，远离热源。应按照制造商规定的环境条件进行储存。

不同商标的热收缩补口带(套)必须分开储存，以防混用，绝不允许不同产品的热收缩补口带(套)和固定片混用。

所有材料要距地板至少 50mm 放置，再如纸板等非刚性包装产品堆放高度不得高于 2m。热收缩补口带(套)应竖放，包装上标有“向上”的标识。

运到安装地点的所有材料原包装必须完好，且正确储存。在安装地点，所有材料上要有遮蔽物，放在封闭的包装内且离开地面放置，以免大气中的潮气或其他物质对其造成污染。在搬运期间，严禁擦伤和滚动。

对变形或污染的产品必须剔除。

在安装前，应除去热收缩补口带(套)的保护性包装。

九、验收

每批热收缩补口带(套)应经过以下检验：

(1) 目测。

(2) 尺寸检测。

(3) 样品拉力试验，以确定破坏强度和延长率满足规定要求。

十、安装

热收缩补口带(套)应按由施工方编制且经过业主批准的详细程序进行安装。

液体环氧底漆应覆盖干线管道预留的环氧粉末层，但不允许涂刷在聚乙烯层表面。并使用500V电压对环氧涂层进行针孔检漏，不允许有漏点。

1. 环境条件

金属表面应保持干净、干燥，且温度高于露点3℃以上。

采用的加热方法不得在金属表面留有任何残余物。

2. 金属表面处理

按SY/T 0407标准的要求采用适当的溶剂除去金属表面的油、油脂和其他污染物。

在安装热收缩补口带(套)前，金属表面应通过喷砂或机械方法进行表面处理，采用喷砂处理必须采用临时性保护方法。

按SY/T 0407标准的要求进行表面处理，处理等级达到GB/T 8923标准中规定的Sa2.5级。

在安装热收缩补口带(套)前，焊口两端防腐层应得到完全清洁。

3. 热收缩补口带(套)施工

应严格按照热收缩补口带(套)制造商提供的说明书要求进行施工。

在热收缩补口带(套)安装前，接口处应采用火炬或感应加热装置预热，并对预热温度进行测量。

当热收缩补口带(套)在收缩过程中，应用辊子轻轻地在热收缩补口带(套)表面滚动，将管线外表面与热收缩补口带(套)间的空气挤出。

加热时，不得损伤焊口两端的防腐涂层。

十一、现场检验和测试

在安装期间，应进行以下检查：热收缩补口带(套)出现裂缝、烧焦或不可能消除的缺陷，必须除去，且按本规格书要求重新进行补口。

热收缩补口带(套)不允许修补，只需要替换。

1. 施工程序

在热收缩补口带(套)施工前，施工方必须严格按照制造商的产品说明书制定详细施工程序，并报业主批准。

2. 材料储存

热收缩补口带(套)和固定片应按本规格书和制造商说明书的要求进行储存、标识和包装。

特别注意热收缩补口带(套)的储存温度不得高于50℃。

3. 目测

在安装前，应确保热收缩补口带(套)无裂缝、无气泡、无撕裂或其他缺陷。

在安装后，热收缩补口带(套)应符合以下要求：

(1) 热收缩补口带(套)表面除符合上述要求外，还应无烧焦、无孔洞、无氧化和无开裂。

(2) 热收缩补口带(套)应光滑，在胶黏剂下面没有迹象表明存在异物。

(3) 外边缘整个圆周应与管道完全黏接，轴向应有胶黏剂均匀溢出。

(4) 固定片在补口带任何方向的移动不得超过10mm。

(5) 补口带与现有涂层两端搭接不小于50mm。

4. 检漏

所有施工完的热收缩补口带(套)都应采用电火花检漏进行100%的检测。

检漏电压不小于15kV，检测速度为200~300mm/s。

5. 剥离强度

补口后，每100个补口抽测1个口，测热收缩补口带(套)与钢管和PE层的剥离强度。

十二、必要的文件

1. 投标文件

制造商应提供以下文件：

(1) 有关热收缩补口带(套)制造商的文件和其他相关文件。

(2) 补口详细施工程序。

2. 最终文件

按本规格书要求，完成的所有检查和试验证书。

第九节　设备阀门外涂层

一、范围

本技术规格书规定了文96地下储气库工程中设备、阀体外表面的涂料、涂装、修补及检验等最低的技术要求。

二、规范和标准

《涂装前钢材表面锈蚀等级和除锈等级》(GB 8923—1988)；

《涂装前钢材表面预处理规范》(SY/T 0407—1997)；

《油气田地面管线和设备涂色标准》(SY/T 0043—2006)。

三、涂层材料

1. 一般要求

施工方应对设备、阀体涂层原材料采购、生产、资料的提供，以及与各分包商间的联络、协同、检验和在不同场所进行的试验负全部责任。

所提供的涂层首先应是生产厂的标准产品，并且有两次以上在本规格书中所提供的类似环境条件下成功使用的经历，买方不接受未经使用的新试制产品。

所有涂层材料均应是近期生产的、未经使用的、高质量的，且不存在任何影响性能的缺陷。

2. 证书

涂层材料都应具有出厂检验合格证书、产品说明书和质量证书等有关技术资料。

3. 涂料技术指标

环氧富锌、环氧云铁中间漆、丙烯酸聚氨酯面漆的性能指标见表3-24~表3-26。

表3-24　环氧富锌底漆的性能指标

项　目		指　标	检验标准
漆膜颜色及外观		灰色	GB/T 1729
黏度(涂-4杯)/s		60~80	GB/T 1723
附着力/级		1	GB/T 1720
冲击强度/kg·cm		50	GB/T 1732
柔韧性/mm		1~2	GB/T 1731
盐雾试验(250h)		无锈蚀	GB/T 1731
干膜锌含量/%		≥80%	
固体含量/%		≥65	GB/T 1725
干燥时间(25℃)	表干/min	≤30	GB/T 1728
	实干/h	≤24	

表3-25　环氧云铁中间漆的性能指标

项　目		指　标	检验标准
漆膜颜色及外观		灰色	GB/T 1729
黏度(涂-4杯)/s		≥100	GB/T 1723
附着力/级		1	GB/T 1720
冲击强度/kg·cm		50	GB/T 1732
柔韧性/mm		1~2	GB/T 1731
干燥时间(25℃)	表干/h	≤2	GB/T 1728
	实干/h	≤24	

表 3-26　丙烯酸聚氨酯面漆的性能指标

项　目		指　标	检验标准
漆膜颜色及外观		灰色有光、半光、或无光	GB/T 1729
黏度(涂-4 杯)/s		40~80	GB/T 1723
附着力/级		1~2	GB/T 1720
冲击强度/kg · cm		50	GB/T 1732
柔韧性/mm		1~2	GB/T 1731
细度/μm		≤20	GB/T 1724
固体含量/%		≥50	GB/T 1725
干燥时间(25℃)	表干/h	≤2	GB/T 1728
	实干/h	≤24	
耐盐水性(3%盐水 96h)		无变化	GB/T 1763
耐紫外线照射(1000h)		无变化	ASTMG53

4. 涂料的验收

交货前，涂料必须经过检验，对于不符合本技术规格书要求的涂料须立即进行隔离。业主可以从交货的涂料中提取样品，并进行第三方检验。

5. 涂料的保存

在涂敷工厂储存要遵循以下要求：

(1) 涂料包装箱应防止太阳照射，并远离热源和有明火的地方。

(2) 包装箱不得直接与地面接触。

(3) 应遵循涂料生产厂家储存条件。

(4) 对于变质的涂料，必须进行去除。

四、涂层结构

设备、阀体涂层结构如下：

(1) 底漆：环氧富锌底漆，2 道，0. 1mm。

(2) 中间漆：环氧云铁中间漆，1 道，0. 1mm。

(3) 面漆：丙烯酸聚氨酯面漆，2 道，0. 05mm。

(4) 总厚度≥0. 25mm。

五、施工技术要求

1. 质量保证和控制

施工方应按照业主已批准的程序、技术要求和检验测试计划进行涂敷。涂层施工程序应包括但不限于以下文件：

(1) 在整个施工过程中，每件产品正确储存、准备和施工的详细说明。

(2) 装卸、储存和运输程序。

(3) 关于涂层涂敷条件/参数的详细说明：周围环境参数核查；喷射前目测；表面喷射处理；处理表面检查；表面预热；涂层施工；涂层检验。

(4) 检验程序详细说明。

(5) 涂层修复程序。

(6) 检查和修复报告。

(7) 纠错方法和程序。

(8) 日报格式。

(9) 对涂层原材料和已涂敷设备的可追溯系统。

任何背离本技术规格书的技术要求必须通过书面形式提交，并获得业主批准后，方可执行，在未批准前进行的技术改变应作废。供货方应拥有和使用经检验可以实施的质量保证系统。在生产过程中，业主保留对供货方质量系统实施审查的权利。供货方应准许业主在工作期间进入所有制作、组装及检查区域。

2. 涂层原材料的可追溯性和检测

1) 一般要求

对涂层原材料和涂敷件的识别和检验应进行记录，记录格式和程序应获得业主批准。

2) 涂层原材料的标识

应明确标识以下内容：

(1) 生产厂家名称。

(2) 商标、型号和名称。

(3) 批号。

(4) 生产地点和日期。

(5) 数量。

(6) 质量有效期。

(7) 储存温度限制。

(8) 安全要求。

供货方应保证通过记录相关批号及件号能够判定出所用材料。所用材料应按照适用的安全准则和材料制造商的建议予以处理和存储。涂料容器或包装应加以适当处理，以免损坏。涂料的存储温度和环境参数应符合制造商的规定。

3) 待涂件的验收

对接收的待涂件应在涂层设施上进行标识并记录。各件应有唯一编号，以便识别。

(1) 对所有待涂件均应检查其表面是否有损坏、腐蚀、划痕和刮口。对发现的所有腐蚀、损坏及其他缺陷情况应由供货方予以记录，并由业主作证。在验收过程中，应检查涂件的标志及产品证书，从而确保所有涂件的正确识别和标记。验收合格后，应出具验收合格报告，其中应记录各件情况并附加产品证书复印件。任何上述损坏或缺陷均应详细说明；特别是任何缺陷或钢质表面，可能对涂敷过程产生负面作用。对缺陷件应予以拆除，并由业主进行评判。供货方不得进行任何形式的钢修补。

(2) 涂敷件的标识。所有待涂件均应采用认可的防雨标志物加以识别。该标志在所有书面报告中均应代表此涂敷件。标识程序应由供货方准备，并呈递业主予以审批。

4）涂敷

(1) 表面预处理。

① 在喷(抛)射除锈处理前，必须按SY/T 0407标准的要求除掉表面的油和油脂污物。

② 在喷(抛)射前，应先预热以去除潮湿，其表面的温度保持高于露点至少3℃。

③ 在喷(抛)射除锈完后，不得用酸洗或其他清洗溶液或溶剂清洗，这包括不得使用防止生锈的缓蚀性洗涤剂。

④ 钢结构的表面处理应符合SY/T 0407标准的规定。

⑤ 喷(抛)射除锈，彻底清除钢材表面的铁锈、氧化皮等，除锈质量等级应达到GB 8923标准中Sa2.5级的要求。

⑥ 喷(抛)射磨料必须采用符合标准的钢丸或铁丸、铁砂，也可采用经过批准的其他磨料。供喷砂处理使用的压缩空气必须干燥、洁净，不得含有水分和油污及其他污染物。

⑦ 喷(抛)射除锈处理表面锚纹深度根据涂料供货商的要求确定。

⑧ 表面预处理完后，所有的铁锈、油污、氧化皮等应清除干净，并应在4h内进行涂料的涂敷，当表面返锈或污染时，必须重新进行表面处理。

(2) 涂层施工。

① 涂层涂敷程序应符合制造商的建议，并应获得业主的批准。

② 涂敷前，金属温度最低应在露点温度3℃以上且不低于5℃。在涂层涂敷前，金属表面应预热至最低温度以除去湿气，须经业主批准。预热温度不得超过150℃。

③ 底漆、面漆配套涂料品种应为同一生产厂家的产品，不同厂家或不同品种不得混合使用。

④ 涂料的涂装一般可采用空气喷涂、无空气喷涂、滚涂、刷涂等方法，具体可根据施工环境、涂刷面积、质量要求及涂料生产厂商的建议来确定。通常，边角、缝隙或小面积修补可采用刷涂。

⑤ 当底漆表干，涂层厚度检查合格后，可进行下一涂层的施工。

⑥ 涂漆间隔时间应参照涂料产品使用说明书。

⑦ 应进行每一涂层的湿膜厚度的检查，以确保涂层施工完成后，干膜厚度达到设计要求。

⑧ 防腐层表面应光滑、色泽均匀、平整、无开裂。

5）日报

工作进度(包括在用所有件的识别)应记录在日报中，其中包括各件的专用标号及各原材料的批号。日工作应以轮班形式完成，每次轮班时间最长应为8~12h。所有涂层修补工作均应记录在日报中，与修补程序相关的所有件数也应当记录。日报应每天向业主呈报。

6）环境

从喷砂清理开始到上层涂敷完成再到涂层完全硬化，该过程中涂层的表面制备、涂敷和检查应在封闭车间内进行，必要时还应配备加热系统。

在喷砂清理前，应对钢材加热并始终保持在高于露点3℃以上，直至所有涂层均已涂敷完成。

7）接触面

组合件的接触面(撬块底座、设备底座表面、管线支撑、支架、螺栓孔等)应进行涂装。接触面在设备装配前至少应刷一道底漆(除非收到买方或业主的通知)。

8）涂色

外层面漆颜色按 SY/T 0043 标准的要求执行，并须经业主批准。

六、检查和测试

1. 目视检查

在表面清理和涂装前、清理和涂装过程中及清理和涂装后，应目视检查所有表面，表面处理应达到本规格书要求。

在涂层涂敷过程中和涂敷后，应目视检查所有表面，以检查表面是否喷涂过度、有破损、流挂、起皱、破裂、剥离、厚度过大或者可能对涂层质量起到反作用的任何其他缺陷。

目视检查不合格的表面和涂层应按本规格书的规定进行修补。

2. 厚度测试

在每个涂敷件上进行厚度测试。

应当使用校准的磁力或电磁仪器测量干膜厚度，容许误差不得超过 10%。

所有测量值不得低于要求的最小厚度。如果测得的干膜厚度低于规定值，则应再涂一层漆。

每次测量最大可接受干膜厚度值不得超过涂层制造商提出的上限。

3. 附着力检测

外涂层涂敷结束后，应检测涂层的附着力。

检测方法为：用锋利刀刃划透防腐层，形成边长约 40mm、夹角为 45°的 V 形切口。用刀尖从切割线交点挑剥切口内的防腐层，如果挑起处的防腐层呈脆性点状断裂，且不出现成片挑起或剥离的情况，则防腐层黏接力合格。

对附着力检测不合格的涂敷件重新进行表面处理和涂敷。

4. 涂层检漏

(1) 采用电火花检漏仪对涂层进行 100%面积检漏。检验电压为 1640V。

(2) 所有涂层漏点均应标示出来，并按本规格书的规定进行修补。

5. 修补检查

对实施的所有涂层修补均应进行以下检查：

(1) 目视检查。

(2) 涂层检漏。

(3) 厚度检查。

七、涂层修补

涂层修补按原涂层结构进行补涂，并执行以下要求：

(1) 清除损坏表面的污染物质。

(2) 轻轻打磨缺陷及其邻近位置，以除去铁锈及脱落的漆层，如已露基体，应除锈至GB 8923标准规定的St3级。

(3) 对缺陷周围的涂层进行打毛、活化处理。

(4) 用刷子进行涂敷，确保厚度不低于规定值。

八、处理和储存

对已涂装的构件应依据适当程序进行处理，以避免涂件及其涂层不被损坏。安装前，应及时对各项进行检查，如发现任何涂层损坏，应根据规定进行修补。

九、文档

1. 生产前

供货方应制定程序、规范及检查测试方法，并在开始生产前至少30天将其交由业主审批。这些文件的内容应包括制造过程的各个阶段、检测类型、工艺参数、选定的程序或操作准则、采用的检测仪器及校准证书，以及对不合格项目的管理。

2. 生产中

日报和文档(包括检测结果)应在24h内以电子文档格式呈送业主，以告知涂件的情况。

3. 最终文档

生产结束后，供货方应在两周内向业主提交以下文件：

(1) 制造商对各批涂料的检查和检测记录(包括修补)，以及其他有关材料和涂层检测的所有文件。

(2) 所有报告应由供货方签字，以表示符合本规格书的要求。

十、安全

施工方有责任遵守适用于其场所的有关安全和健康保护的规定。特别需要注意以下内容：

(1) 材料混合和操作应在空气自由流通，并远离危险区的地方进行。

(2) 喷砂处理用研磨剂应选用对操作者健康无害的产品。

(3) 应对材料库房通风，并遵循有关安全和防火的法律规定。

第十节 注气压缩机

一、前言

1. 适用范围

供货商应提供3台往复式电驱动压缩机组。

本技术规格书连同订货合同书、询价书和数据表一起提出对文96地下储气库工程中使用的往复式压缩机及其驱动电机、辅助设备，在设计、制造、检验、试验、供货、服务、验收等方面的最低要求。

以下标有“★”的内容表示供货商必须满足的要求，不能满足此项要求将视为废标；标有“▲”的内容表示供货商应该满足的要求，不能满足此项要求将按评分标准扣分。

2. 其他

1）成套设备的总体要求

供货商应按本规格书规定的技术要求，向业主提供技术最新的成套产品。供货商所供压缩机、电动机应为制造商业已成熟的规格型号。

供货商应提供成套的电机/往复式压缩机组、空冷器，以及与之配套的工艺装备、自动化仪表和控制设备，包括所有必需的辅助系统。电动机、往复式压缩机及其附件安装在同一撬座上，空冷器单独成撬。撬块须按本规格书安装。

供货商应提供容器保护安全阀、出口止回阀、各级进出口缓冲罐(进口洗涤罐)、空气冷却器、出口聚结分离罐、润滑油系统、机组卸载系统、控制盘及其与主撬接线、配电箱及其与主撬接线、撬上配管、仪表及伴热保温、工器具、备件及以上业主未提及的为达到功能必不可少的部件，供货商应按业主最终确定的P&ID及合同供货。

压缩机组主撬与空冷器撬间的所有连接管线和附件均由供货商提供并指导现场安装。

所有与撬块连接的工艺管道和仪表配管均接至撬边，用户接口是法兰连接的，应提供配对法兰、螺栓、螺母和垫片；是螺纹连接的，应由总图提出螺纹、标高等相关安装尺寸。非标法兰由供货商提供，对口法兰接口尺寸等按数据表执行。供货商提供的设备内部法兰由供货商提供；法兰的密封面应与其对接的阀门和设备管嘴法兰的密封面相匹配，法兰的接口外径与壁厚应与其对接的管道的外径与壁厚相一致。

2）现场的匹配

★本次设计的3台压缩机组，供货商应对文96集注站工程压缩机现场运行环境、运行条件进行了解，现场的生产条件应能满足压缩机的系统配套。

3）可靠性指标

供货商对撬内机组的功能和配置完整性全面负责。

★机组在设计负荷下无故障连续运行时间不小于8000h；压缩机机组大修周期不小于40000h；机组使用寿命不少于20a。

▲机组的噪声级水平在1.0m处不应超过85 dB(A)。

▲供货商近5年在中华人民共和国境内天然气行业应用同类型或功率在1000kW以上的机组不少于5台，并呈报所推荐的压缩机组在国内的现场信息清单，供货商在豫北地区必须有常年技术服务和技术支持的能力。

★按照API 618(最新版)介绍的第二种方法进行脉动控制系统的研究，并向业主提供单台压缩机组撬内工艺配管的气流脉动和压缩机组的机械振动等数据，所发生的费用由供货商承担。

★供货商应持有ISO9001质量管理体系认证证书。

★供货商应至少具有中国国家质量监督检验检疫总局或其下属单位颁发的Ⅰ类、Ⅱ类压力容器设计及制造许可证。

3. 单位及文字

▲单位：供货商提供的所有文件资料包括图纸尺寸的标注、计算书、图表、PLC控制系

统等的表示都必须采用国际单位制。

★文字：供货商提供的所有文字资料、图纸、计算书、图表、说明书等必须是中文。

二、相关资料

1. 标准及规范

设备应按下列最新版本的标准和规范进行设计、制造、试验与检验。有关设备的制造、检验，本技术规格书未提及部分按相关标准、规范执行。

《应用于石油、化工和天然气工业的往复式压缩机》(API 618)；

《油气生产用配套用往复式压缩机组》(API 11P)；

《石油场所用电气安装区域分级》(API RP500)；

《带法兰的钢安全阀》(API 526)；

《弹簧直接载荷式安全阀》(GB/T 12243—2005)；

《特殊用途的润滑、轴封及控制油系统》(API 614)；

《爆炸性气体环境用电气设备 第1部分 通用要求》(GB 3836.1—2000)；

《爆炸性气体环境用电气设备 第2部分 隔爆型“d”》(GB 3836.2—2000)；

《外壳防护等级》(IP代码)(GB 4208—1993)；

《旋转电机》(IEC 60034)；

《爆炸性气体环境用电气设备》(IEC 60079)；

《用于爆炸性气体环境的电气设备》(IEC 79)；

《外壳防护等级》(IEC 529)；

《爆炸危险场所分类》(IEC 79—2010)；

《电气装置和电气设备电击防护标准》(GB/T 12501—1990)；

《无缝钢管最大允许工作压力》(ANSI B31.3 SA-106-B)；

《轧制罐壳最大允许工作压力》(ASME SA-516-70)；

《封头最大允许工作压力》(ASME SA-516-70)；

《锅炉和压力容器规范》(ASME Ⅱ)；

《钢制压力容器》(GB 150—1998)；

《空冷式换热器》(GB/T 15386—1994)；

《空冷式换热器》(API 661)。

2. 数据表及相关规定

买方数据表给出基本的工艺数据和特殊要求。

装置通用工程规定与往复式压缩机组的设计、制造、检验、试验等有关的专业工程技术规定，在工程设计中必须遵守执行。

当卖方不能接受买方数据表或工程技术规定的某些条款时，卖方应及时通知买方，列出偏差表并推荐可选的设计以征求买方意见。

3. 卖方图纸和资料要求

卖方应按买方采购申请单要求的图纸和资料的项目和进度分期、分批提交图纸和资料。具体要求将在合同中进一步明确。

买方对卖方提供的图纸和资料的审查和同意并不能解除卖方对订货合同书应尽的义务。

所有图纸和资料应给出业主名称、买方工程号、合同号、设备位号及设备名称。

卖方提交文件中所有的参数应采用国际单位制表示。

4. 文件的优先顺序

若本规格书与有关的其他规格书、数据表、图纸及上述规范和标准出现相互矛盾时，应遵照下列优先次序执行：

(1) 订货合同。

(2) 数据表。

(3) 本规格书及其附属文件提及的规范和标准。

对于不能妥善解决的矛盾，卖方有责任以书面形式通知买方。

卖方若有与以上文件不一致的地方，应在其投标书中予以说明，若没有说明，则被认为完全符合上述文件所有要求。

三、现场条件

1. 气象条件

文96储气库区域优势明显、交通运输方便。文96气田位于濮阳市区东南35km处文留镇，地处中原腹地，地势平坦，属人口稠密区。当地主要气象资料如下(表3-27)：

设备安装地属北温带半湿润大陆季风气候区，四季分明。年最低气温出现在每年元月，月平均气温-2.1℃；最高气温多出现在每年7月，月平均气温27℃；年平均气温13.4℃，30年一遇极端最高气温达43.1℃，极端最低气温为-21℃。

多年平均降水量607.79mm，蒸发量1805.4mm，绝对湿度为12.9g/m^3，相对湿度为68%，年平均相对湿度为68.3%。

降水量实际变化较大，丰水年最大降水量为1067.6mm，枯水年最小降水量为264.5mm。因受季风影响，年降水量不均匀，冬季少，占10%~15%，年内降水量多集中在7月、8月和9月3个月，约占全年降水量的70%。全市常年主导风向为北风、南风，其次为东南风，年平均风速为2.8m/s，瞬时最大风速为15.3m/s。总之，该区春季干旱多风，夏季炎热多雨，秋季旱涝交替，冬季干冷少雪，全年无霜期为210d左右。全年平均日照时间数为2427.2h，太阳年总辐射量为1183kcal/cm^2。

平均年冻土深度20.6cm，最大冻土深为41cm，实测地下1.3m处月最高平均地温25℃，月最低平均地温6℃。

表3-27 气象条件表

序号	项目		单位	数量	备注
1	海拔高度		m		
2	风速	年平均风速	m/s	2.8	
		极大风速	m/s	24	

续表

序　号	项　　目		单　位	数　量	备　注
3	气温	年平均	℃	13.4	
		极端最高	℃	42.2	
		极端最低	℃	-20.7	
4	降水量	年平均总降水量	mm	607.79	
5		绝对湿度	g/m^3	12.9	
		相对湿度	%	68	
6	冻土深度	最大冻土深度	mm	41	
7	地震烈度		7度		

2. 设计数据

1）天然气的组成

榆林—济南管道天然气组成见表3-28。

表3-28　榆林—济南管道天然气组成表

序　号	名　称	含　量
1	天然气组分（物质的量）/%	
	C_1	94.7809
	C_2	2.9639
	C_3	0.5752
	iC_4	0.1008
	nC_4	0.1156
	iC_5	0.0538
	nC_5	0.0363
	C_{6+}	0.0192
	CO_2	0.8642
	N_2	0.4464
	He	0.033
	H_2	0.0107
2	天然气相对密度	0.5903

2）压缩机的设计参数

压缩机的设计参数见表3-29。

表3-29　压缩机的设计参数

进气压力/MPa	6.0(5.0~7.0)	单机处理量/(10^4m^3/d)	62
排气压力/MPa	≤24.5(12~24.5)	机组出口温度/℃	≤60
进气温度/℃	20(15~25)	配置台数/台	3

3. 环境安全等级

主机：IEC Ⅱ区ⅡA级T3组。

电机、控制盘和电气：IECⅡ区ⅡA级T3组。

4. 安装方式

压缩机安装在室内，空冷器安装在降噪房内。

5. 现场可提供公用系统条件

（1）动力电源：6000 V(AC)/50Hz 3ph。

（2）辅助电源：380 V(AC)/50Hz 3ph。

220 V(AC)/50Hz 1ph。

（3）仪表风：洁净空气，压力0.4~1.0MPa(绝压)。

四、供货范围

▲供货商应当按本技术规格书的要求提供成套的电动机/往复式压缩机组及机组配套的工艺设备、仪表自控、电气设备和其他必需的辅助系统。

▲每套机组的供货范围至少应包括以下部分，对以下未提及的但是为达到功能要求不可少的部件，供货商应按业主最终确认的P&ID及合同要求供货：

（1）电动机及附属的外置式空气冷却器等设备。

（2）往复式压缩机主机。

（3）压缩机和电机公共底撬。

（4）联轴器及无火花防护罩。

（5）润滑油系统：

① 机身润滑油系统：

a. 带安全阀、调压阀的由压缩机曲轴驱动的内置润滑泵。

b. 防爆电机驱动的预润滑泵。

c. 润滑油过滤器及压差计。

d. 润滑油液位控制器。

e. 润滑油加热器。

f. 润滑油冷却器。

② 压缩机气缸、活塞杆润滑油系统：

a. 由压缩机曲轴驱动注油器。

b. 压缩气缸的注油系统采用机械分配器，在线无油流保护。

c. 撬上设废油收集槽。

（6）工艺气系统：

① 自动启动回流控制阀。

② 手动放空阀。

③ 压缩机进口和出口管线安全阀。

④ 与用户连接的配对法兰、垫片、螺栓、螺母。

⑤ 进气洗涤罐。

⑥ 排气脉动缓冲罐、出口聚结分离罐。

⑦ 工艺气冷却器(带遮阳板)。

⑧ 主撬与空冷器之间的配管及支撑。

(7) 电气设备及仪表控制系统：

① 每台机组有一个单独的仪表和控制系统对其进行监测和控制。就地 PLC 控制盘具有与控制室 DCS 通信的功能。

② 就地指示仪表。

③ 就地 PLC 控制盘、开关、变送器和仪表，包括撬内配线。

④ MCC 及空冷器变频控制。

(8) 其他：

a. 撬装设备的地脚螺栓、螺母、垫片。

b. 脉动和机械振动控制。

按 API-618 方法 2 进行脉动控制系统的研究和设计，分析应考虑多台压缩机并联操作及机组撬外工艺配管，供货商应根据压缩机的脉冲及振动情况向业主和设计单位提出可行的配管要求，并对提出的每条工艺配管提出机械振动控制的配管方法负责。

c. 扭振分析，并提供试验报告。

d. 机组车间检验，并提供检验报告。

e. 随机备品备件。

f. 保证机组安装检修用的专用工具。

g. 标准涂漆。

h. 包装。

i. 技术图纸和文件。

j. 与用户的协调会。

k. 培训。

l. 现场安装、开机、试运、验收期间的技术服务。

(9) 供货边界：

① 工艺气入口：撬边。

② 工艺气出口：撬边。

③ 放空：撬边。

④ 气体排空和液体排污：通过汇管接至撬边。

⑤ 仪表风：单点仪表风连接至撬边。

⑥ 润滑油补油线：接至撬边。

⑦ 电动机、电气设备：供货至接线盒。

⑧ 撬上仪表接线至控制盘。

五、压缩机

1. 总则

★(1) 往复式压缩机组应按照 API 618 标准和规范进行设计、制造。

★(2) 各工况下气缸的排气温度。在任何操作工况下，气缸的最高排气温度小于最高允许排气温度。

★(3) 各工况下活塞杆负荷。在任何操作工况下，最大活塞杆负荷小于最大允许活塞杆负荷。

★(4) 各工况下均有足够的反向角，保证十字头销及其衬套之间充分润滑。

(5) 往复式压缩机的设计应满足稳定性、牢固和可靠的要求，压缩机的设计应便于部件的检修、组装及更换，零部件应具有较高的可靠性及较长的寿命。

(6) 压缩机采用对称平衡型。

2. 压缩机气缸

▲(1) 压缩机应采用风冷水平式气缸。

▲(2) 气缸配备可调余隙装置。

(3) 供货商提供的压缩机应选用定型的且经过生产验证的气缸。

▲(4) 压缩机活塞杆应采用填料密封，水冷却方式。

3. 曲轴箱润滑系统

(1) 供货商应提供一套完整的强制润滑系统和润滑油故障报警及停车系统。

(2) 润滑油应配有可控温的电加热器，润滑油储罐应装有液位计，润滑油油池应设有高、低液位报警仪等仪表。

(3) 润滑系统应配备润滑油过滤器，并配差压计。

(4) 应为每套机组配备压缩机预(后)润滑系统、预(后)润滑油泵，并由防爆电机驱动(可采用 380V 电压供电)。

4. 注油器

▲(1) 压缩气缸、活塞杆的注油系统采用机械分配器，在线无油流保护。

(2) 注油系统安装润滑油过滤器。

(3) 每台机组应单独设置润滑油补油罐，可维持机组 7d 以上连续工作。

5. 隔距块

隔距块为单室结构。供货商应将隔距块上放空、排污、清扫等配管联在一起接至撬边，并应设置气液分离设施。

六、电动机

1. 总则

(1) 主电机制造商：主电机制造商引进国外具有较高声誉，并能提供质量过硬且具有同等工况生产业绩的厂家。

(2) 电动机制造应遵循通用规范。

(3) 电动机转速不应超过 1000r/min。

★(4) 所有的绝缘材料应不低于 F 级，在各种运行工况下的温升不应超过 B 级温升的规定。详细说明见 IEC 60034—2015。对于电机绕组的所有部分，供货商应按 B 级温升提出电机的额定功率。

★(5) 电动机运行温度不能超过其绝缘材料所容许的最高温度。

（6）正常启动满足每小时冷态 2 次、热态 1 次的要求。

（7）电机所有电气接口和电缆都应满足防爆要求。

▲（8）电机产生的音频频段成分的噪声，最大声压应≤80 dB(A)(1m 处)。

★（9）电机采用空气冷却，外置式风机。

2. 电动机的技术要求

（1）额定电压：6000V。

（2）额定频率：50Hz。

（3）相数：3。

▲（4）效率：≥96%。

▲（5）功率因数：≥0.86。

（6）绝缘等级：F 级。

（7）防爆等级：Ex nA(无火花型)。

（8）温升：B 级。

（9）冷却方式：风冷。

▲（10）防护等级：IP55。

（11）工作制　SI。

▲（12）轴承类型：滑动轴承。

（13）启动条件：全压启动或软启动。

3. 附属设备和接线盒

（1）主接线盒。为标准 IEC 接线盒，除非特殊说明，主接线盒一般应位于电动机的顶部或右侧(从面向电动机一端观察)；附高压电力电缆进线单元。

（2）电机应配有防潮加热器。防潮加热器应满足在潮湿环境停机状态下的除湿要求。

（3）定子绕组配有测温元件。

（4）轴承配有测温元件。

（5）主电机配有振动传感器，4~20mA 信号输出。

（6）所有电气设备和接线箱都应满足爆炸危险环境的要求。

4. 检验和试验

应按照标准进行检验和试验，但不应少于下列内容：

（1）旋转方向检查。

（2）绝缘试验。

（3）全速动平衡试验。

（4）振动测试。

（5）空载运行试验。

（6）短路特性试验。

七、空冷器

（1）供货商提供空冷器装置和完整的配套及配管。

▲（2）空冷器设计须考虑最高环境温度，空冷后的工艺气温度须≤60℃。

▲(3) 空冷器电机全压启动或软启动。

▲(4) 投标商应考虑空冷器零部件的安装和内部检修空间。

(5) 空冷器的设计应考虑防虫防护网。

八、压力容器及辅助配套

1. 压力容器

★(1) 压力容器的设计和制造应执行 ASME 规范，并应取得中国国家质量技术监督局颁发的压力容器制造许可证。

(2) 压力容器的腐蚀余量应根据工艺参数、天然气组分和相关规范计算确定。

▲(3) 进口洗涤罐(缓冲罐)应包括液位控制器、自动排污系统、手动排污阀、液位计等附件。

▲(4) 出口聚结器应包括液位控制器、排污系统、手动排污阀、液位计等附件。

★(5) 出口聚结分离罐天然气分离精度液滴直径≤1μm。

(6) 洗涤罐及排污管线均需要电伴热保温。

2. 阀门

(1) 所有的遥控阀门均应配有就地和远传的阀位开关信号。

(2) 所有的天然气阀门均应选用零泄漏阀门。

▲(3) 工艺气安全阀采用弹簧式安全阀。

▲(4) 压缩机组启动旁通阀采用调节阀自动控制。

▲(5) 压缩机出口止回阀应采用抗脉动的止回阀。

3. 辅件

(1) 压缩机组主机及空冷器撬体基座应具有足够强度，确保满足机组运输和正常运行。

★(2) 联轴器采用国际知名产品。

(3) 供货商应提供压缩机组现场安装所需地脚螺栓、螺母、垫片。

(4) 供货商应提供电力、仪表风(净化空气)、润滑油等消耗指标。

(5) 供货商应提供需要起吊安装或维修的最大设备部件的重量和尺寸。

九、电气及仪表控制系统

1. 总则

供货商应为每台电动机/往复式压缩机组提供一套完整的、目前技术最新且成熟的控制系统和仪表系统，必须满足自动运行和远程监控的要求，并保证在各种操作条件下连续运行。

控制系统应做到使每台机组既能独立工作，又能与其他机组并联运行。

1) 控制系统

(1) 供货商所提供控制系统须对机组的启停、联机运行实施有效控制。机组控制系统应能够自动启动和关断，包括就地启停、远程停机。同时，具有自动加载延迟锁定，以防止在起动过程中自动加载。

▲(2) 压缩机控制系统的控制柜安装在撬上，它包括就地控制和显示，并能将数据上传到中央控制室的上位工作站，同时接收中央控制室的硬件触点信号进行机组的关断。

机组的所有参数都能在就地控制盘上显示，系统应具有报警和自动关断功能。机组在通信系统故障时，也能正常连续工作。

(3) 通信方式选用 RJ45 或 RS485 接口，其协议为工业以太网或"MODBUS for RTU"协议。

(4) 机组的相关参数都应在控制柜上的显示终端显示，系统应该具有报警和自动关断功能。

(5) 撬上控制柜采用防爆正压通风型。

(6) 控制系统的设计应使其不易受其他电气系统的干扰。

2) 仪表

(1) 提供的仪表包括运行时间温度测量仪表和变送器、压力测量仪表和变送器、液位检测等一次仪表和变送器。

(2) 仪表精度：

① 就地仪表：压力表、液位计的精度：±1%(标定量程)；双金属温度计：±1℃。

② 变送器：±0.1%(标定量程)。

③ 开关量仪表：±2%(标定量程)。

④ 重现性：±2%(标定量程)。

⑤ 死区：±2%(标定量程)。

(3) 振动处安装的仪表应采用防震仪表。

(4) 所有模拟量数据采用 4~20mA 标准信号。

3) 转速计

(1) 振动处安装的仪表应采用防震仪表。

(2) 所有模拟量数据采用 4~20mA 标准信号。

2. 控制、显示要求

机组控制系统应能够自动起动和停机，包括就地起停、远程停机。

现场控制柜能接受来自中控室内的远程停机信号，信号为常闭触点，触点容量为 24V DC 1A，断开时停机。

(1) 控制方式。

包括以下控制方式：

① 机组单机自动控制。

② 机组现场手动控制：现场控制盘上应安装紧急停机按钮，用于装置的紧急停车。

③ 机组远程停机控制。

现场控制盘能接受来自中控室的远程停机信号，信号为常闭触点，触点容量为 24V DC 1A，断开时停机。

(2) 停机、报警和运行状态信号指示。

① 现场控制柜内应提供每个机组的运行状态触点信号，机组运行时触点闭合，机组停止时触点断开，触点容量为 24V DC 1A。

② 提供每个机组的综合报警触点信号，正常时触点闭合，故障时触点断开，触点容量为24V DC 1A。

(3) 供货商至少应为如下情况提供显示、报警或紧急关断设备，实现机组的自动关断功能(表3-30)。

表3-30 电动机/压缩机信号检测信号表

检测项目	安装位置	显示	控制	报警	关断
主电机定子温度	控制柜	√		√	√
主电机轴承温度	控制柜	√		√	√
主电机振动大	控制柜	√		√	√
空冷器振动大	控制柜			√	√
压缩机运行状态	控制柜	√			
加载和卸载	控制柜	√	√		
入口压力高	控制柜/就地	√		√	√
各级排气压力高	控制柜/就地	√		√	√
润滑油无流量	控制柜/就地	√		√	√
机身润滑油压低	控制柜/就地	√		√	√
润滑油位低	控制柜/就地	√		√	√
润滑油出口温度高	控制柜/就地	√		√	√
各气缸排气温度高	控制柜/就地	√		√	√
各气缸进气温度高	控制柜/就地	√		√	
油滤器差压大	控制柜/就地	√		√	√
各洗涤罐液位高	控制柜/就地	√		√	√
压缩机振动大	控制柜/就地	√		√	√

(4) 历史数据应保存一周，包括仪表历史记录、操作历史记录及机组状态历史记录等。

3. 其他

(1) 机组就地控制柜采用正压通风(仪表风/工厂风，压力：0.4~1.0MPa)，并设低压报警。控制柜应留有足够的电缆进出线孔，以便电缆进出，电缆包括机组电缆、电源、通信控制电缆等。

★(2) 压力变送器应为智能型，通信协议为HART，变送器安装位置应考虑防震，过程接口及引压管线材质为不锈钢，不配备表头，配一台现场通信器。压力变送器应配置二阀组，放空口为1/4in NPT。

(3) 压缩机组中所有设置远传温度仪表处均须设置就地显示温度仪表。所有温度检测仪表均应配备整体焊接式钻孔温度管嘴，当维修仪表时，不影响机组正常运行。

▲(4) 振动检测点的设置：主电动机驱动端和非驱动端设振动变送器/压缩机机身处将

振动量转换为4~20mA标准信号；空冷器部分风扇设振动开关。

4. 电气

（1）压缩机机组配套的电气系统控制元件应符合中国的相应标准、规范，包括下述相关部分：

① 机组内所有电气设备（包括接线箱）的安装、接线和电缆保护配管。

② 接地系统安装。

（2）机组上每个用电设备应配有HOA开关（HAND/OFF/AUTO）。

（3）供货商必须提供对压缩机进行控制的详细控制原理图。

（4）供货商应对主电机的控制提出控制要求或建议。

5. 上位工作站

（1）硬件配置：CPU处理器不低于2GHz、内存不小于1GB、硬盘大于160GB，以及USB、以太网接口，同时配置相应的通信板卡。显示为不小于19in的液晶显示器。

（2）应用平台：组态软件基于Windows XP采集各个机组的工作参数，并能对参数进行处理、显示和报表输出；同时，数据采集冗余。

（3）提供对用户的DCS系统的支持。

6. 界面及组成

供货商为每套机组提供整套压缩机机组的监测、保护、控制及通信接口，同时负责撬上的配管接线、机组控制系统的软件开发及调试。

供货商提供一套上位工作站，包括监测工业计算机和其附属设备、系统平台和应用软件。它必须能够独立进行数据采集和处理，其对象为各个压缩机机组的实时状况、各种参数、画面及报表；同时，能够实现机组故障报警、停机，以及相关参数的更改等。

供货商必须协助用户的DCS系统的工作，包括接口预留及对应的协议。

控制系统应包括控制压缩机机组单机启停及运行操作监测所需变量的全部撬装的现场仪表、调节控制设备及配套的电缆和配管。系统界面以工艺管道上安装的焊接管嘴为界，电气连接以接线箱的螺纹接口为界。

一切显示和通信系统的参数采用国际标准单位制。

十、铭牌、涂漆及运输要求

1. 铭牌和标记

供货商必须保留设备出厂时的铭牌，成套时不允许私自变更。

2. 涂漆

设备的涂漆应具有优良的耐候性，高、低温部件涂漆应满足温度的要求，其色彩美观大方，可按供货厂家标准执行。

▲（1）供货商应提交压缩机机组各总成或部件的涂漆颜色以供用户确认。

（2）技术规范应说明：

① 表面处理。

② 底漆涂层的技术规范。

③ 面漆涂层的技术规范。

④ 检查程序和标准。

(3) 在喷砂和涂漆时，应保护好法兰密封面。

(4) 供货商应提供足够的修补用漆，并与成套机组一同运输，以便在安装后现场修补。

(5) 不锈钢表面不须涂漆，在喷砂和给其他表面涂漆时，应保护好不锈钢部件和管线表面。

3. 包装

▲(1) 机组包装必须满足在机组运行现场至少可存放6个月的要求。

(2) 机组的包装必须满足长途(海运、陆运)运输的要求。

(3) 因包装不当引起的机组损坏或锈蚀，供货商应承担全部责任，并予以免费更换或维修。

(4) 外包装上须明确标明机组的起吊位置及注意事项。

4. 运输

★(1) 保证设备整体质量不因运输原因而下降，压缩机组中压缩机主机(包括压缩机气缸、活塞等)、主电机、联轴器应随主撬整体运输。

▲(2) 机组的包装必须满足国际长途运输的要求。所有运输费用由供货商自行承担。

(3) 供货商自行制定运输路线，并应实地考察运输路线。

▲(4) 在运输或者存放过程中，因包装不当引起的机组损坏或锈蚀，供货商应承担全部责任，并予以免费更换或维修。

▲(5) 对所有货品的现场交货，供货商应及时向用户通报运输情况，以便用户及时组织卸货及接收。否则，由此所引起的一切费用由供货商自行负责。

十一、检验、试验和验收

1. 检验、试验及监造

压缩机组的供货商在完成所有设备的设计、制造后，均应按照相关的规范、标准进行检验和测试，在设备的制造期间应接受业主的监造。

2. 电机

应按照IEC或相应的制造厂家试验标准进行电机的性能试验。例行试验应包括下列内容：

(1) 空载试验。

(2) 绝缘试验。

(3) 功能试验，不包括需要加载的试验。

(4) 外观检查。

3. 往复式压缩机

往复式压缩机应按照制造厂家的标准进行试验。

4. 出厂检验

出厂验收应由用户、供货商双方共同执行，供货商必须保证所提供的设备和所有技术指标达到产品说明书、供货合同所制定的要求。出厂验收文件应由双方代表共同签署。

5. 现场验收

（1）机组到达现场后，由国家检验检疫总局（只对进口设备）、业主及供货商对机组进行开箱验收，清点设备及附件的数量，对验收过程进行详细记录。

（2）现场安装和调试：

▲① 机组开箱验收完成后，供货商应根据业主的投产计划派各专业技术服务工程师前往现场进行机组的现场安装调试。所派的专业技术人员必须具有丰富的实践和现场服务经验。

★② 在安装调试期间，现场服务人员必须积极配合业主按计划完成安装调试任务，确保机组的各项性能指标达到标书的要求，并经过72h的性能考核、测试运行，各种性能测试指标达到合同约定，买卖双方签署现场性能测试报告及验收报告。供货商现场服务人员在安装调试期间的一切费用由供货商自行负责，现场服务的时间应以设备现场安装开始至验收完毕。

▲③ 如所提供的设备出现故障，那么试运行期限和保证期应相应延长，供货方应负责更换不合格部分，使其达到设计能力和要求。

十二、质量保证和服务

1. 质量保证

（1）供货商应在合同规定的时间内提供电动机/往复式压缩机组，并且供货商应对电动机/压缩机组的设计、材料采购、工件的制造、零部件的组装、图纸资料的提供，以及与各个分包商间的联络、协同、检验和在不同场所进行的试验负完全责任，保证所提供的设备满足相关标准及本技术规格书的要求。

▲（2）供货商所提供的设备应符合合同双方确认的设计和运行条件，在本技术规格书中规定的工作条件下能够正常、可靠地运行，并达到额定的设计参数。供货商应对设备的性能和调试负责，并保证所提供的设备安装完成后即可进行调试和投入运行。

▲（3）质量保证期：设备在现场安装、调试完毕，并在设计工况下连续72h试运行验收合格后12个月内。在质量保证期内，设备因设计、制造质量而发生损坏和不能正常工作时，供货商应免费更换或者修理设备零件。

2. 现场服务

（1）现场安装和试运行应在供货商有关人员的指导下，根据买方的要求进行，供货商应为机组的安装和调试提供技术服务。

（2）供货商应提供机组灌浆要求及施工要求等，灌浆前后，对机组进行对中检查，指导检查和清扫机组，并进行机组性能测试。

3. 售后服务

★（1）在质保期内，当设备需要维修或更换部件时，供货商应派有经验的工程师免费到现场提供技术支持，并负责免费更换和维修。

（2）当设备出现故障时，供货商接用户通知后24h内到现场排除故障。

▲（3）供货商在中华人民共和国境内常设服务机构，及时提供足够的备品、备件和技术服务。

4. 技术培训

为了保证所提供设备的正常工作条件，要求卖方培训买方的技术人员，直到他们技术合格为止。

1）培训目的

对技术人员进行培训，使其对电动机/往复式压缩机组的结构和技术特性熟练掌握。培训后，受训的技术人员能够独立、正确地对机组进行操作、维修和管理，此外，他们还应该能够对出现的问题进行分析，并找到解决问题的方法。

2）地点、人员及培训内容

(1) 在设备安装地进行现场在职培训。

① 受训人数及时间：

15人、4周(包括工艺6人、仪表2人、电气2人、机修2人、设备2人、负责人1人)。

② 培训内容：

买方应制定培训计划和内容，组织培训课程，上述内容及课程应经买方和卖方共同协商。卖方应提供培训所需的器材、工具和试验仪表。

③ 培训课本：

培训课本应包括相关设施的设备结构、技术指导、采用的规范、必要的制造技术、试运转操作、维修与管理及买方认为必要的课题。

④ 所有的培训手册都应为中文版本，并采用标准国际单位制符号和术语，所采用的课本应是符合所提供的设备的标准的最新版本，且至少应提供8套课本。

⑤ 理论培训：

买方应提供所提供往复式压缩机组的工作原理、结构特性、技术和机械性能图、密封方法、材质、电气图和标准。

⑥ 针对压缩机、主电机的培训：

压缩机系统、润滑油系统、主电机、仪控系统、自动/手动操作阀门、自动/手动转换开关、远程/就地操作日常操作和管理。

⑦ 制造和试运行培训：

a. 在压缩机组整体制造之前，进行试验和调节。

b. 压缩机和驱动器的整体制造方法。

c. 压缩机和驱动器的整体制造之后的系统试验和调节。

⑧ 维修培训：

a. 设施、工具和试验仪表的使用操作期间的日常维修条款及正常问题的发现和解决方法。

b. 紧急事故的处理方法。

(2) 在职培训。

在试运转期间，在特定的条件下，对特殊装置进行操作和维修。

设备到货后，在卖方技术人员装配和调节的同时进行在职培训，培训的累计时间至少为一周。

3）培训费用

卖方应免费承担以下费用：

（1）在旅馆和卖方工厂之间往来的交通费用。

（2）现场用工作餐费用。

（3）卖方在制造厂提供传真以及办公设施费用。

（4）一般条款：

① 在电动机/压缩机制造期间，如有卖方人员陪同，买方受训人员有权进入制造厂的各个部门和工作间。

② 供货商应为受训者提供满足安全要求的培训所需的实践和文件。

③ 供货商至少应指定一名代表负责培训工作的组织。

④ 供货商指定的培训教员应该熟悉机组，并具有相关的技术经验，供货商指定的中文翻译应熟悉培训内容，并具有较强的中文、英文表达能力。

⑤ 合同执行期间，上述条款的任何变动都应由买、卖双方协商解决。

⑥ 供货商应提供固定教室供培训使用(最少 2 周)。

十三、备品、备件及专用工具

（1）供货商应提供施工安装、试运转和启动，以及正常运行 1 年所需的必要的备品、备件等。

（2）供货商应按照业主提供的备品、备件清单供应备品、备件，并分别进行报价，报价应包括各分项的明细报价。

（3）供货商应为机组提供完整的专用工具。

十四、投标技术文件要求

★投标文件至少应包括如下内容(全部应为中文版，并采用国际单位制)：

（1）P&ID 图。

（2）现场条件确认。

（3）工艺气体特性计算。

（4）压缩机组噪声水平。

（5）压缩机工艺参数汇总表(中文版，采用国际单位制)，包括：

① 进口压力、出口压力、进口温度和排量。

② 最高排量、最低排量、功率、单机承载。

③ 对各排量的余隙调节和最低排量限制因素。

④ 附所有工况计算文件。

（6）压缩机工艺参数曲线，包括：

① 单机组流量范围曲线，如最大排量和最低排量曲线组(气缸双作用)。

② 设计排量的功率和负荷曲线。

③ 单机最高、最低及设计排量余隙曲线(以 20%为台阶)。

④ 压缩机组并联特性曲线。

⑤ 最低排量限定因素变化曲线。

(7) 电动机和压缩机技术规范和参数：

① 电动机技术参数和规范。

② 压缩机气缸详细规范和参数。

③ 辅助系统参数。

(8) 配套概念设计，包括：

① 工艺气系统流程。

② 冷却系统流程。

③ 润滑油系统。

(9) 控制系统概念设计，包括：

① 启动和关断控制系统。

② 电动机、压缩机组和配套系统检测仪表。

③ 报警和自动关断保护系统。

④ 数据通信内容和系统。

(10) 消耗清单，包括：

① 压缩机润滑油种类、牌号、日耗量和总年耗量。

② 仪表风耗量。

③ 控制电要求及耗量。

④ 循环水、润滑油一次充装量。

⑤ 压缩机在水平和垂直面上的初级和次级不平衡力和力矩。

⑥ 活塞杆载荷的数值(天然气、惯性、综合)。

(11) 厂家应提供类似工况所用电动机/往复式压缩机业绩供业主审查。

(12) 厂家应对提供的产品与本规格书及规范不一致的地方单独提供一份说明，并附在标书中。

十五、供货商提供的技术资料文件

(1) 初步设计文件，签订合同后 1 周内在设计联络会上提供(全部应为中文，并采用国际单位制)：

① 压缩机组总图和与撬外接口的条件清单。

② P&ID 图。

③ 仪表控制盘面图及接线图。

④ 电气接线图(一次主接线图、二次控制原理图)。

⑤ MCC 外形图及安装要求。

⑥ 撬块地脚螺栓布置图和基础设计所需的数据。包括重量、重心、不平衡力、扭矩、基础位移允许值等。

⑦ 机组流体脉动和机械振动研究报告。

(2) 施工图设计文件，设计联络会后 2 周内提供：

须经设计联络会确定的所有详细设计文件。

（3）交货时提供：

① 设备操作和维护手册。

② 工厂试验报告。

③ 压力容器检验证书。

④ 流程图、机组组装图和接线图，控制仪表及配套设施的主要设备的材料清单、检验报告、合格证书、技术规格书及其他相关资料。

（4）卖方应提供以下图纸和资料，提供的图纸和资料包括和不限于表 3-31 所示内容：

表 3-31　供货商须提供的图纸和资料表

序　号	单　位	图纸、文件和资料（中方、国际标准单位）		数量印制
		性　质	内　容	
1	设计/用户	初步设计	带控制点的工艺流程 P&ID 图	4
2	设计/用户	初步设计	润滑油系统流程 P&ID 图	4
3	设计/用户	初步设计	冷却水系统流程 P&ID 图、电/仪控制原理图	4
4	设计/用户	初步设计	控制盘外形图	
5	设计/用户	初步设计	控制盘接线图	4
6	设计/用户	初步设计	工艺和工程接口清单，包括位置、坐标、连接方式、	4
7	设计/用户	初步设计	配管材料、配管内外径、接管工艺要求或建议	4
			电气和控制接口清单、仪表规格表	4
8	设计	最终设计	地脚螺栓位置图，包括基础设计要求和建议	
9	设计	最终设计	主机重心、不平衡力及力偶图和参数	4
10	设计	初步设计	机组重量和重心参数	4
11	设计/用户	参考资料	推荐的润滑油规范	2
12	设计/用户	参考资料	设备安装技术规范、要求和建议	2
13	设计	参考资料	二次灌浆技术资料	1
14	设计	参考资料	ASME 压力、温度等级技术规范标准	1
15	设计	参考资料	ASME 法兰技术规范标准	1
16	设计	参考资料	ASME 锥管扣技术规范标准	1
17	设计	参考资料	机组有关管材和型材技术规范	1
18	设计/用户	最终设计	机组总布置图，包括现有用户工艺和工程接口	4
19	设计/用户	最终设计	空冷器外形图	4
20	设计/用户	最终设计	带控制点的工艺流程 P&ID 图	4
21	设计/用户	最终设计	润滑油系统流程 P&ID	4
22	设计/用户	最终设计	冷却水系统流程 P&ID 图	4
			电/仪控制原理图	4
23	设计/用户	最终设计	设备配套和仪表配套清单	4

续表

序号	单位	图纸、文件和资料(中方、国际标准单位)		数量印制
		性质	内容	
24	设计/用户	最终设计	工艺和工程接口清单，包括位置、坐标、连接方式	4
25			配管材料、配管内外径、接管工艺要求或建议	
	设计/用户	最终设计	控制盘外形图、仪表规格表	4
26	设计/用户	最终设计	控制盘接线图	
27	设计/用户	最终设计	动力电和 MCC 控制接口清单	
28	设计/用户	最终设计	数据远传参数清单	4
29	设计/用户	最终设计	脉动和振动分析报告	4
30	设计	竣工图	修改部分	2
31	用户	运行维护	机组运行维护手册	4
32			电机运行维护	4
			电机零部件清单和图册	
			电机控制通信单元	
			压缩机运行维护	
			压缩机和气缸零部件清单和图册	
			设备配套和仪表清单	
			配套装备、控制和仪表手册	
			竣工图	
			压缩机试车记录运行 72h 后	
33	用户	压力容器	洗涤罐、稳压罐和空冷器	2
			中国政府证书	
			设计计算书	
			制造图纸	
			ASME 压力容器证书	
			材料跟踪文件	
35	用户	安装	机组安装规范	2
36			机组安装、启动、调试、测试和验收工作计划建议	2
37	用户	维护/培训	电机培训资料	2
38		维护/培训	压缩机培训资料	2
39		维护/培训	外购件厂家培训和技术资料	2
40	用户	运行	手册	
			格式：中文	
			项目档案	
41	用户	现场	机组实际工艺性能参数	1

表 3-32 为注气压缩机数据表。

表 3-32 注气压缩机数据表

使用地点：文 96 集注站				
设备名称：注气压缩机	设备编号：	台数：3 台	操作： 3 台	备用： 台

压缩机制造厂：	形式：往复式	型号：

○出口条件

1	出口压力/MPa(G)	12~24.5
2	入口压力/MPa(G)	6.0(5.0~7.0)
3	排量/(10^4m^3/d)(标准状态)	62
4	工作场所	√○室内 ○室外
5	机组出口温度/℃	≤60

□性能

6	轴功率/kW		7	转速/(r/min)	
8	安全阀起跳压力/MPa		9	最大允许温度/℃	

△结构

10	主管口	名称	公称尺寸	压力等级	密封面	位置
		出口	100	Class1500	RJ	
		入口	100	Class600	RF	

11	管口法兰标准：	
12	□设计压力/MPa	
13	□设计温度/℃	
14	轴承转向	□逆时针 □顺时针(从联轴器端看)
15	轴承形式	□径向 □止推 □型号
16	润滑方式	
17	驱动机	电机
18	轴封形式	□机械密封 □迷宫密封 □ 浮动密封 □填料密封
19	冷却方式	空冷
20	其他	

□材料

21	壳体		轴套		轴承箱	
22	转子		同步齿轮			

□辅助设备

23	名称	形式和规格	外形尺寸(长×宽×高)	材料	数量	单重/kg	备注
24	进气分离器						

续表

使用地点：文 96 集注站							
25	进口安全阀						
26	进气洗涤罐						
27	排气分离器						
28	出口安全阀						
29	排气洗涤罐						
30	气缸						
31	空冷器						
32	润滑油系统						
33	电气仪表系统						
34	级间管路						
35	润滑油泵						
36	曲轴						
37	曲轴连杆						
38	润滑油补充油箱						
39	联轴器						
40	箱体						
41	地脚螺栓						
42	□质量/kg			□空间要求			
43	压缩机			整机			
44	驱动机			最大吊装高度			
45	变速箱						
46	压缩机转子						
47	驱动机转子						
48	底座						
49	箱体						
50	最大维修部件						
△电动机							
51	□制造厂			□额定功率/kW			
52	○安装方式	○B3 ○V1 ○		○型号			
53	○进线方式	√○钢管布线 ○塑套电		○启动方式	○直接启动 ○Y-△ ○启动设备		
54	○防爆要求			○防护/绝缘要求	IP55		
55	○电源(电压/相/频率)	6000V/3ph/50Hz		□转速/(r/min)			

续表

使用地点：文 96 集注站							
56	□启动时间/s			□堵转时间/s			
57	□启动电流/A			□堵转电流/A			
58	□额定电流/A			□功率因数			
○检查和试验							
59	试验		观察	非见证	见证	检查	○车间检查√
		性能			√		○试验后拆卸与检查√
		水压			√		○现场测试√
		机械运转	√				
○主要供货范围							
60	○压缩机√	○电动机√	○共用底座√	○地脚螺栓、螺母、垫片√			
	○联轴器√	○空冷器√	○电气、自控系统√	○润滑油系统√			
	○要求以法兰连接的辅助管路要配到底盘端面√	○进口、出口配对法兰及螺栓、螺母、垫片√					
○制造厂的资料							
61	机组外形图√	应包括外形尺寸、基础尺寸及主要管口尺寸等√	填充完整的数据表√				
62	剖面图√	应标出主要零部件名称√	密封装配图 √				
63	试验曲线√	应给出额定点、最小流量点√	随机发送操作手册√				
64	辅助管路图√	应包括放净、放空、冲洗、冷却等管口√	现场调试大纲√				
65	机组正常工作允许温度√	机组散热量及通风要求√					
△说明							
1	压缩机使用寿命不小于 20 年						

注：1. 供货商配套提供前置过滤器及后置过滤器。

2. ○ 由买方填写；□ 由制造厂填写；△ 由双方共同填写。

第四章　设计难点及亮点

第一节　高 压 注 气

文 96 储气库将榆林—济南(榆—济)天然气管道中的富裕气量注入储气库储备季节性调峰，满足天然气市场需求。榆—济天然气管道来气在进站、出站管线上设电动关断阀和气液联动紧急关断阀、泄漏检测、火灾报警等，若站内输气管线压力超压、气体泄漏、火灾报警等紧急情况时，立刻自动关闭站场关断阀，停止整个站场的生产运行。

榆—济天然气管道来气进站设来气计量阀组，计量阀组设三路计量(两用一备)，流量计选用多声道气体超声波流量计量系统，多声道气体超声波流量计为来气和外输双向计量仪表，计量精度为±0.5%，流量计均进行温度、压力补偿，流量、压力、温度信号进流量计算机，按计量标准计算标准状态下流量并累计归档，超声波流量计输出信号通过通信接口 RS485 上传至 SCADA 系统，通信协议为 MODBUS 协议。

榆—济天然气管道来气压力 5~6MPa，经往复式压缩机增压，压缩机出口压力为 23.5MPa，增压后的天然气由注气阀组注入储气井，为了保证压缩机安全、可靠地运行，压缩机进口、出口管线设电动关断阀，注气阀组设紧急关断电动阀、多声道气体超声波流量计。电动关断阀根据注气压力、气体泄漏等因素，自动关闭注气阀组关断阀。

压缩机回流进过滤分离器管线设自力式调压阀，阀前压力为 9~23.5MPa，阀后压力为 7.6MPa。

第二节　高 压 采 气

高压采气工艺采气阀组设双向流量计量仪表和气动调节阀，根据采气压力调节，调节后的流量经气体超声波流量计计量后进脱水装置。站内自用气设计量调压撬，调压撬进口压力为 6.0~7.6MPa，调压撬设一路总计量，分三路调压管线，一路天然气经调压后去污水缓冲罐，污水缓冲罐利用气压排污。调压阀出口压力为 0.4MPa。二路天然气经调压后去脱水装置用气管线，调压阀出口压力为 0.4MPa。三路天然气经调压后去火炬燃烧放空管线，调压阀出口压力为 0.6MPa。

天然气经脱水后外输，在出站计量阀组前设天然气组分分析小屋，分析小屋气质分析范围：全组分分析、H_2S 烃露点检测。在 8MPa 工况下烃露点(工况)：-34.681℃。计量分离器进口管线设流量计量仪表，计量仪表采用多声道气体超声波流量计，计量分离器出口管线和污水外输缓冲罐流量计量仪表选用电磁流量计。生产分离器、计量分离器液位检测选用磁翻柱式液位计，就地显示并远传至控制室 SCADA 控制系统。

文96储气库及配套设施分两级控制：即过程控制系统和安全关断系统。过程控制系统采用国内先进、成熟的SCADA统，使其达到目前国内同类型工程的先进水平，以实现集中管理、平稳操作、安全生产、强化管理、降低能耗，提高经济效益。安全关断(ESD)系统完全独立于过程控制系统的关断系统。文96储气库SCADA系统控制室设在综合办公楼一层，SCADA系统是对生产过程进行集中监视、操作、管理和控制的系统。系统的控制功能综合了逻辑控制、程序控制等功能。

第五章 现场施工

第一节 管道焊接与检验

一、焊接方式

目前，管道现场焊接常用的方式根据操作条件分为手工电弧焊、半自动焊、自动焊三种。本工程沿线可因地制宜地采用以下多种焊接方式及其组合。

(1) 对于施工方便的地段，可采用半自动焊方法进行。

(2) 对于不适于半自动焊的地段，以及沟底碰死口和返修焊接部位现场环焊缝全部焊道采用手工电弧焊下向焊方式。

焊接具体工艺应根据焊接工艺评定的结果由施工单位结合自身实际情况确定。下向焊操作规程必须符合《管道下向焊接工艺规程》的规定。

二、焊接材料

目前，管道上常用的手工焊条主要有纤维素焊条和低氢焊条两种。纤维素焊条价格相对便宜、焊接可操作性强、焊速快、质量可靠，但抗裂性能比低氢焊条稍差，适用于对抗裂性能要求较低的输油管道；输气管道对抗裂性能、韧性指标要求相对较高，通常采用抗裂性能较好的低氢焊条，但其价格相对较高，焊接可操作性相对较差。

参照类似工程，根据焊接方式的不同，可选用以下焊接材料与之对应：

(1) 手工电弧焊打底焊采用 AWSE6010 纤维素焊条，填充、盖帽采用 AWSE8018 低氢焊条。

(2) 半自动焊根焊采用 AWSE6010 焊条，填充、盖帽采用 E71T8-Ni1 或 E71T8-Ni1J 药芯焊丝。

(3) 对于返修焊接采用 E5515 焊条。

对本工程，应针对不同地区进行专门的焊接工艺评定。

三、焊缝检验

1. 检测规定

(1) 管道焊接、修补或返修完成后应及时进行外观检查，检查前应清除表面的熔渣、飞溅物和其他污物。焊缝外观应达到《钢制管道焊接及验收》(SY/T 4103—2006)规定的验收标准。外观检查不合格的焊缝不得进行无损检测。

(2) 考虑到管线的重要性，以及地区等级较高的实际情况，所有对接焊缝应进行

100%射线检测和100%超声复检。

对探伤不合格的焊口应按照要求进行返修，同一部位缺陷修补次数不能超过2次，返修后部位应进行100%超声再检测。

(3) 渗透探伤

① 对角焊缝进行100%渗透检测；

② 对于X60的管材返修后进行100%渗透检测。

2. 合格级别

(1) 外观检查质量应符合《钢质管道焊接及验收》(SY/T 4103—2006)第6.4条的规定。

(2) 射线检测按《石油天然气钢制管道无损检测》(SY/T 4109—2005)要求，Ⅱ级为合格。

(3) 超声检测应按《石油天然气钢制管道无损检测》(SY/T 4109—2005)要求，Ⅱ级为合格。

(4) 渗透检测应按《石油天然气钢制管道无损检测》(SY/T 4109—2005)要求执行。

第二节 清管、试压、干燥与置换

一、清管

对套管公路穿越和铁路穿越(套管内有环焊缝者)和中型河流穿越，以及定向钻穿越和分段试压的管道，在进行试压前必须进行清管，清管应确保将管道内的污物清除干净。

站间管道全部连通后，用压缩空气推动清管器进行站间清管。站间清管应使用站场清管收发装置。清管器所经阀门应为全开状态。

二、试压

试压介质选用无腐蚀性洁净水，不得采用空气作为强度试压介质。

本工程对应的试验压力见表5-1。

表5-1 全线管道水试压数据一览表

地区等级	钢管外径/mm	钢管壁厚/mm	设计压力/MPa	最低试验压力/MPa	管材最低屈服强度/MPa
Ⅲ	508	11.0	8.0	11.2	450

管道分段水压试验时的压力值、稳压时间及允许压降值应符合表5-2的规定。

表5-2 水压试验压力值、稳压时间及允许压降值

地区等级		强度试验	严密性试验
三级地区	压力值/MPa	11.2	8
	稳压时间/h	4	24
合格标准		0.1MPa无泄漏	压降不大于1%试验压力且不大于0.1MPa

三、干燥

长输管道经过清水试压后，内部不可避免地存在大量的游离水和水蒸气，如果不进行干燥处理而直接投产，会对管道的正常运行埋下隐患，甚至会造成堵塞、停输等较严重的事故。主要原因是：①管道中的水分与天然气中的 H_2S、CO_2 等酸性气体结合生成酸性溶液而造成管道腐蚀；②管道中的水分在低温、高压时会形成天然气水合物，减小了管道的流通面积，造成管道的冰堵现象；③水分还会降低管道的输送能力，降低供气品质等。因此，天然气管道在投产前必须进行干燥作业。

目前，天然气长输管道常用的干燥方法有干燥剂法、干空气干燥法、真空干燥法等。这几种干燥方法各有特点，干燥剂法采用甲醇作为干燥剂，干燥剂和水可以任意比例互溶，所形成的溶液中水的蒸汽压大幅降低，从而达到干燥的目的。残留在管道中的干燥剂同时又是水合物抑制剂，能抑制水合物的形成。一般在中、小管道中应用较多，对于大管径，山区段，干燥分段多，甲醇的相对处理量大，采用的设备也较多，检测比较困难。真空干燥法主要是在控制条件下应用真空泵通过减小管内压力而除去管内自由水的方法。其原理是创造与管内温度相应的真空压力，以使附着在管内壁上的水分沸腾气化。真空干燥法效果好，主要应用于中、小口径，管内没有内涂层的管道较好，施工中一般同干空气干燥法结合使用。针对本工程管道直径大，地势平坦，经过清管后管内水分含量少等特点，以及安全、环保等诸多因素，选择以干空气干燥法为主对管道进行干燥。

四、置换

投产置换是天然气管道施工后投入运行的一个关键步骤，通过这一过程排出管道中的空气，引入天然气，同时检测管道的整体质量，其安全控制非常重要，投产置换的难点在于如何有效地将空气与天然气隔离，防止形成爆炸性混合物，且费用低、操作简单，在长距离、大口径天然气管道上，采用较多的是注入氮气后加隔离清管器再引入天然气进行置换的方法，隔离清管器起到一定的阻隔作用。

根据置换过程中的实际情况，采用该方法时建议采取以下措施：

（1）置换前要确保清管干净，以免给以后的运行管理带来麻烦。

（2）置换前要周密计算置换过程中天然气的供气压力，合理控制管道内气体流速，其流速控制在 15~18km/h。

（3）置换前粗略确定所需氮气量，避免浪费或出现不足的情况。

（4）注入氮气压力和注入天然气压力保持一致，在注氮结束后要马上注入天然气，尽量减小混气段，减少氮气损失。

五、其他

管道施工验收规范详见《油气长输管道施工验收规范》(GB 50369—2006)。

第三节 管道附属设施

一、线路截断阀室

为了在发生事故时减少泄漏量，便于进行抢修，根据相关规范，在管道上设置线路截断阀室。一般线路截断阀室位置选择在交通方便、地形开阔、地势较高的地方。线路截断阀室采用地上形式，阀室设置气液联动全通径全焊接球阀，以埋地加长杆形式安装，并能通过清管器。一旦管线破裂，截断阀可根据管线的流速变化来判断工作状态，并自动关闭。

截断阀的最大间距应符合在以三级地区为主的管段最大间距不大于16km。同时，线路截断阀(站)的设置要结合管道沿线地区等级、工艺站场的布置(工艺站场内均设有截断阀，事故状态下可以截断、放空，具有线路截断阀室的功能)、大型河流穿跨越的位置等因素综合考虑，统筹兼顾、统一布置。鉴于线路截断阀室为地面建筑，无人值守易受破坏、难以管理，故在保证管道安全的同时，应尽量减少阀室的设置数量，节省工程投资。

根据以上原则，在本输气管道上设置1座线路截断阀室，位于濮阳市柳屯镇左枣林西侧，为地上结构，截断阀为埋地全焊型，以方便安装，减少弯管用量。

二、管道标志桩

根据《管道干线标记设置技术规定》(SY/T 6064—1994)的要求，管道沿线应设置：

(1) 里程桩：每千米设一个，与阴极保护桩合用。

(2) 转角桩：管道水平改变方向的位置，均应设置转角桩。转角桩上要标明管线里程和转角角度。

(3) 穿越标志桩：管道穿越大中型河流以及铁路、高等级公路、鱼塘和定向钻穿越的两侧，均设置穿越标志桩，穿越标志桩上应标明管线名称、穿越类型、铁路公路或河流的名称，以及线路里程、穿越长度，且有套管的应注明套管的长度、规格和材质。

(4) 交叉标志桩：与地下管道、电(光)缆和其他地下构筑物交叉的位置应设置交叉标志桩。交叉标志桩上应注明线路里程、交叉物的名称和与交叉物的关系。

(5) 设施标志桩：当管道上有特殊设施(如固定墩)时，应设置设施桩。桩上要标明管线里程、设施的名称和规格。

三、管道警示牌

为保护管道不受意外外力破坏，提高管道沿线群众保护管线的意识，输气管线沿途设置一定数量的警示牌。

警示牌设置位置：

(1) 管线经过人口密集区，在进、出两端各设置警示牌一块，中间每300m设置一块警示牌。

(2) 管线穿越中型河流处，在两岸大堤内外各设置一块警示牌，每条河流设置4块警示牌。

(3) 警示牌应设置在醒目的地方，可依托水工保护护坡、挡土墙等光滑面刻写标语。

四、固定墩

为了防止管线失稳，应在合适的位置设置固定墩，固定墩为钢筋混凝土结构。

固定墩设置原则为：

(1) 在管道进、出站场处设置固定墩。

(2) 截断阀室室外放空管线与放空立管之间设置固定墩。

第六章　引用规范和法规

第一节　遵循的主要标准、规范

一、国家法律、法规

《中华人民共和国安全生产法》主席令第70号(2002年11月1日起施行)；

《中华人民共和国消防法》主席令第4号(1998年9月1日起施行)；

《中华人民共和国职业病防治法》主席令第60号(2002年5月1日起施行)；

《中华人民共和国环境保护法》主席令第22号(1989年12月26日起施行)；

《中华人民共和国清洁生产促进法》主席令第72号(2003年1月1日起施行)；

《建设项目(工程)劳动安全卫生监察规定》劳动部令第3号(1997年1月1日)；

《中华人民共和国环境保护法》主席令第22号(1989年12月26日起施行)；

《中华人民共和国水土保持法》主席令第49号(1991年6月29日起施行)；

《中华人民共和国固体废物污染环境防治法》主席令第58号(1995年10月30日起施行)；

《中华人民共和国水污染防治法》(1984年11月1日起施行，1996修正)；

《中华人民共和国大气污染防治法》主席令第32号(2000年9月1日起施行)；

《中华人民共和国环境噪声污染防治法》主席令第77号(1997年3月1日起施行)；

《中华人民共和国清洁生产促进法》主席令第72号(2003年1月1日起施行)；

《关于颁发“建设项目环境保护设计规定”的通知》国家计委、国务院环保委(87)国环字002号；

《建设项目环境保护管理条例》国务院令第253号(1998年11月18日)；

《建筑工程消防监督审核管理规定》公安部令30号(1996年10月16日起施行)；

《石油天然气管道保护条例》国务院第313号令(2001年7月26日起施行)。

二、线路及工艺部分

《石油天然气工程初步设计内容规范 第1部分：油气田地面工程》(SY/T 0082.1—2006)；

《输气管道工程设计规范》(GB 50251—2003)；

《油气集输设计规范》(GB 50350—2005)；

《石油天然气工程设计防火规范》(GB 50183—2004)；

《管线管规范》API spec 5L(43版)；

《输送流体用无缝钢管》(GB/T 8163—1999)；

《高压化肥设备用无缝钢管》(GB 6479—2000)；
《低压流体输送管道用螺旋缝埋弧焊钢管》(SY/T 5037—2000)；
《顶进施工法用钢筋混凝土排水管》(JC/T 640—1996)；
《油气输送管道穿越工程设计规范》(GB 50423—2007)；
《原油和天然气输送管道穿跨越工程设计规范 跨越工程》(SY/T 0015. 2—1998)；
《油气输送管道线路工程抗震技术规范》(GB 50470—2008)；
《天然气》(GB 17820—1999)；
《输油气管道岩土工程勘察规范》(SY/T 0053—1997)；
《油气长输管道施工验收规范》(GB 50369—2006)。

三、防腐部分

《工业设备及管道绝热工程设计规范》(GB 50264—1997)；
《涂装前钢材表面锈蚀等级和除锈等级》(GB/T 8923—1988)；
《钢质管道外腐蚀控制规范》(GB/T 21447—2008)；
《埋地钢质管道阴极保护技术规范》(GB/T 21448—2008)；
《埋地钢质管道聚乙烯防腐层》(GB/T 23257—2009)；
《油气田地面管线和设备涂色规范》(SY/T 0043—2006)；
《涂装前钢材表面预处理规范》(SY/T 0407—1997)；
《钢质管道聚乙烯胶黏带防腐层技术标准》(SY/T 0414—1998)。

四、仪表自控部分

《油气田及管道仪表控制系统设计规范》(SY/T 0090—1996)；
《油气田及管道计算机控制系统设计规范》(SY/T 0091—1996)；
《石油化工企业可燃性气体和有毒气体检测报警设计规范》(SH 3063—1999)；
《自动化仪表选型设计规定》(HG/T 20507—2000)；
《计算站场地技术条件》(GB/T 2887—1989)；
《计算站场地安全要求》(GB/T 9361—1988)；
《电子计算机房设计标准》(GB/T 50174—1993)；
《控制室设计规定》(HG/T 20508—2000)；
《仪表供电设计规定》(HG/T 20509—2000)；
《仪表系统接地设计规定》(HG/T 20513—2000)；
《天然气计量系统技术要求》(GB/T 18603—2001)；
《用气体超声流量计测量天然气流量》(GB/T 18604—2001)
《阀式孔板节流装置》(JB/T 7252—1994)；
《原油天然气和稳定轻烃交接计量站计量器具配备规范》(SY/T 5398—1991)；
《石油天然气工程施工图内容深度规范》(SY/T 0082. 1—2006)；
《火灾自动报警系统设计规范》(GB 50116—1998)；
《石油化工仪表接地设计规范》(SH/T 3081—2003)。

五、通信部分

《本地电话网用户线路工程设计规范》(YD 5006—1995)；
《同步数字系列(SDH)长途光缆传输工程设计暂行规定》(YD/T 5095—2000)；
《长途通信干线光缆数字传输系统线路工程设计暂行技术规定》(YDJ 14—1991)；
《通信电源设备安装设计规范》(YD 5040—1997)；
《光缆线路对地绝缘指标及测试方法》(YD 5012—1995)；
《光缆接头盒》(YD/T 814—1996)。

六、电气部分

《供配电系统设计规范》(GB 50052—1995)；
《电力工程电缆设计规范》(GB 50217—2007)；
《3~110kV 高压配电装置设计规范》(GB 50060—2008)；
《10kV 及以下变电所设计规范》(GB 50053—1994)；
《低压配电设计规范》(GB 50054—1995)；
《建筑物防雷设计规范》(GB 50057—1994)(2000 年版)；
《电力装置的继电保护和自动装置设计规范》(GB 50062—2008)；
《电力装置的电测量仪表装置设计规范》(GB/T 50063—2008)；
《爆炸和火灾危险环境电力装置设计规范》(GB 50058—1992)；
《交流电气装置的接地》(DL/T 621—1997)；
《石油设施电气装置场所分类》(SY/T 0025—1995)；
《石油天然气工程设计防火规范》(GB 50183—2004)；
《民用建筑电气设计规范》(JGJ 16—2008)；
《通用用电设备配电设计规范》(GB 50055—1993)；
《建筑设计防火规范》(GB 50016—2006)；
《建筑照明设计标准》(GB 50034—2004)。

七、给排水及消防部分

《建筑灭火器配置设计规范》(GBJ 140—1990)(1997 年版)；
《二氧化碳灭火系统设计规范》(GB 50193—1993)(1999 年版)；
《生活饮用水卫生标准》(GB 5749—1985)；
《地下水质量标准》(GB/T 14848—1993)；
《室外给水设计规范》(GBJ 13—1986)(1997 年版)；
《室外排水设计规范》(GBJ 14—1987)(1997 年版)；
《建筑给水排水设计规范》(GB 50015—2003)；
《污水综合排放标准》(GB 8978—1996)(1999 年局部修改)；
《地面水环境质量标准》(GB 3838—2002)。

八、建筑部分

《油气田和管道工程建筑设计规范》(SYJ 21—1990)(2000年确认)；
《建筑设计防火规范》(GB 50016—2006)；
《建筑地基基础设计规范》(GB 50007—2002)；
《建筑结构荷载规范》(GB 50009—2001)；
《混凝土结构设计规范》(GB 50010—2002)；
《建筑抗震设计规范》(GB 50011—2001)；
《钢结构设计规范》(GBJ 17—1988)；
《建筑地基处理技术规范》(JGJ 79—2002)；
《砌体结构设计规范》(GB 50003—2001)；
《办公建筑设计规范》(JBJ 67—1989)；
《民用建筑设计通则》(JGJ 37—1987)。

九、暖通部分

《采暖通风与空气调节设计规范》(GB 50019—2003)；
《通风与空调工程施工质量验收规范》(GB 50243—2002)；
《公共建筑节能设计标准》(GB 50189—2005)。

十、环境及安全部分

《环境空气质量标准》(GB 3095—1996)(2000年局部修订)；
《堤防工程设计规范》(GB 50286—1998)；
《火灾自动报警设计规范》(GB 50116—1998)；
《工业企业设计卫生标准》(GBZ 1—2002)；
《石油化工企业职业安全卫生设计规范》(SH 3047—1993)；
《工业企业噪声控制设计规范》(GBJ 87—1985)；
《城市区域环境噪声标准》(GB 3096—1993)；
《建筑施工场界噪声限值》(GB 12523—1990)；
《大气污染物综合排放标准》(GB 16297—1996)；
《污水综合排放标准》(GB 8978—1996)(1999年局部修订)；
《工业企业厂界噪声标准》(GB 12348—1990)。

第二节 其他标准规范

《石油天然气工程总图设计规范》(SY/T 0048—2000)；
《工业企业总平面设计规范》(GB 50187—1993)；
《石油地面工程设计文件编制规程》(SY 0009—2004)；
《石油天然气工程初步设计内容规范》(SY/T 0082—2006)。

第七章　其他专业描述及特点

第一节　通　信　部　分

一、概述

中原油田清丰分输站—文 96 集注站天然气管线全长约 25. 5km，文 96 集注站通过通信光缆经清丰分输站实现与济南调控中心的语音及数据对接，做到对管道运行全过程进行动态监视、控制、模拟、分析、预测、计划调度和优化运行。通信系统传输信道的畅通与否，对今后输气管道安全生产及经济效益起着极其重要的作用，因此唯有建立稳定、可靠、准确、不间断的通信手段，才能满足输气生产的安全运行。具体功能要求如下：

（1）为管道 SCADA 系统提供可靠的数据传输通道。

（2）为管道生产调度提供通信信道。

（3）为管道行政管理和日常生活提供音频通信信道。

（4）为管线例行巡检、故障排除、救灾抢险提供通信保障。

（5）具有管道专网功能，在清丰分输站实现与拟建榆—济管线光通信专网的互联互通；能与邮电公网通信。

（6）实现准确、迅速、可靠的通信监控系统（网管）。

二、设计原则

（1）严格执行国家和行业的有关现行标准、规范、规程，遵循国家的有关法律、法规。

（2）在稳妥、可靠的前提下，采用目前成熟的新技术、新设备，做到系统运行稳定，操作管理简单，运行费用合理。

（3）系统容量满足输气生产对通信系统的中期、远期要求，并能为以后拓展新业务做好预留。

三、通信业务需求预测

根据管道路由、站场设置、组织机构、输气工艺、自动控制等系统及管道管理对信息流向、业务种类、传输速率、通信质量、电路数量等通信业务需求，站场按 5 个模拟话路、5 个 IP 话路、2 路 10/100M 以太网接口进行配置。

四、管道通信业务种类

话音业务：行政电话、调度电话。

数据业务：计算机系统数据传输，要求：传输速率 10/100Mbit/s。

会议电视：不定期业务，画面质量高。

五、技术方案

本工程线路水平长度为 25.5km，采用 16 芯 G652 光缆，与天然气管道同沟直埋敷设。本工程光缆通信系统纳入榆林—济南管道光缆通信系统，其结构体制与该网络完全兼容，按照技术要求，本次工程采用链状结构，光缆计划采用 16 芯光缆，8 芯用于本次通信所需，另外 8 芯作为备用。在清丰分输站实现与管道的连接，然后接至济南调控中心。文 96 集注站设一套 MSTP/622M 光传输设备，通过光缆线路实现双向 SCADA 数据传输；输气管道采用主控、分控、站控三级控制方式，调度控制及监测中心设在济南调控中心，具有完善的网络管理、资源管理和配置管理功能。调度中心与站场之间，通过光传输系统接入设备提供的以太网接口单元，为计算机系统及会议电视系统提供检测、控制信号等数据的传输通道。站场与井口之间通过 4 芯光缆进行传输，井口 RTU 系统利用以太网上传。

针对备用通信系统，可考虑采用公网 DDN 电路或公网拨号电路，以保证在某站场通信发生故障时，重要的计算机数据和调度电话能自动切换到备用通信信道上传输，保证通信畅通。

针对巡线抢修通信系统，根据输气管道沿线移动电话基站的覆盖情况及网络的未来规划，为站场配备 9 部 GSM 移动电话及 3 台无线防爆对讲机，满足巡线抢修的需要。

六、设计说明

1. 光缆的敷设

直埋光缆选用铝护层钢带铠装层铰式光缆，型号为 GYTA53；与天然气管道同沟直埋敷设，其位置在天然气管道前进方向的右上侧。穿跨越道路或河流时，其位置位于天然气管道前进方向的右下侧，光缆与天然气管道同沟敷设时的水平净距应大于 300mm。直埋光缆的埋深及与其他建筑物之间的最小净距应符合国标《长途通信光缆线路工程设计规范》中的相关规定。

直埋式光缆应整盘敷设，无特殊情况不要切断光缆，路线中间需要更换光缆缆型处，所更换缆型的光缆长度一般应为一个制造长度。

光缆的弯曲半径不小于光缆外径的 15 倍，施工过程中应不小于 25 倍，布放光缆的牵引力应不超过光缆允许张力的 80%，瞬间最大牵引力不得超过光缆允许张力的 100%，主要牵引力应加在光缆的加强件(芯)上。

布放光缆时，光缆必须由缆盘上方放出并保持松弛弧形，为防止在牵引过程中扭转损伤光缆，牵引端头与牵引索之间应加入转环，整个布放过程中，应保证无扭转、打小圈、浪涌等现象的发生；为安全起见，必须保持敷缆速度小于 5m/min。

2. 光缆线路穿跨越及保护措施

光缆线路穿越机耕路、农村大道及市区，居民区或易动土地段时，应在光缆上方铺设红砖作为保护，光缆线路穿越允许破路的公路时，采取穿钢管(厚壁钢管 $\phi60\times4.5$)保护的方法，保护管的管口应进行堵塞。

光缆线路穿越等级公路时采取顶管方式穿越，为保证顶管时光缆套管和天然气管道一起穿过，设计采用将光缆套管和天然气管道套管固定在一起的做法，光缆套管采用20#钢，无缝钢管采用$\phi48\times4$，钢管技术指标应符合《输送流体用无缝钢管》(GB/T 8163—2008)的要求，套管结构参见工艺专业"顶管穿越公路套管结构图"，钢管的两端管口须用沥青麻布条堵塞。光缆线路的转角点应在铁路用地之外。

天然气管道穿越小型河流、水渠、水塘及冲沟时，采取直接开挖的方式，光缆在穿越时，均采用直埋光缆加穿钢管(厚壁钢管$\phi60\times4.5$)与天然气管道同沟敷设的方法。穿越河流时，光缆埋深应不小于1.5m。对于天然气管道采取定向钻的形式穿越的河流，光缆在穿越时选用直埋光缆，并事先穿好保护钢管。保护钢管采用20#钢，无缝钢管采用$\phi89\times6$。在定向钻进行回拖时，将光缆与保护钢管及天然气管道头端一起固定并回拖。

为防止光缆在加穿保护钢管时毛刺对光缆的刮伤及敷设后光缆的防水防潮问题，光缆应外套光缆子管后再加穿保护钢管，对保护钢管的管口应进行堵塞，对钢管应采取相应的防腐蚀措施。

3. 光缆线路的防雷

雷电到达地球表面引起光缆损坏的基本机理有热效应和"汽锤效应"，这两种效应可使光缆烧坏、结构变形、光纤碎断及侵袭光缆的金属护套或铠装层，使光缆的寿命减轻。所以，本光缆线路须考虑采取防雷措施。

根据本次工程的具体情况做以下具体防雷措施：

(1) 在光缆线路全段范围内，光缆的金属护套或铠装不进行接地，使之处于浮动地位。

(2) 在光缆线路全段范围内，光缆的金属护套或铠装、金属加强构件，在接头处不进行电气连通；光缆各金属构件也不进行电气连通。

(3) 在光缆线路终端，须将金属部件相互连通直接接地。

4. 光传输设备的选用

根据设计传输系统的业务量及适应今后多媒体通信的应用，在文留站配置MSTP/622M光传输设备及PCM接入设备各一套。光传输设备配置以太网接口板用于传输自控信号、IP电话及会议电视信号，PCM接入设备配置语音接口板用于传输模拟话音信号。

系统可提供网络级别的保护：线形链路1+1和1∶1复用段保护、环形网的两纤/四纤复用段共享保护及任意网络类型的子网连接(SNC)保护。支持在复用段保护中提供额外业务传输以增加网络可用容量。

站场设-48V高频开关电源系统及胶体蓄电池组，开关电源整流模块按$n+1$方式配置，通过电源监控模块，可实现本地及远端监控，并能对输出过压、欠压、过流、短路等故障及时做声光报警，并做即时保护，故为站场配备2组胶体蓄电池，共100A·h，来保障光通信设备的正常运行。

电话交换业务由济南调控中心已建数字程控交换机及NGN软交换设备承担，其中IP电话通过IAD接入设备实现与济南调控中心NGN设备的对接，模拟电话通过PCM接入设备实现与济南调控中心程控交换设备的对接。

文96集注站安装电视会议系统终端，会议电视系统采用基于IP的会议电视系统，通过榆林—济南管线的MCU多点控制单元，构成以调控中心为中心的会议电视系统，会议电视图像传输利用管道全线的光传输链路。

第二节 自控部分

一、设计原则、自控水平

(1) 严格遵守国家的法律法规，执行现行国家及行业最新版本的标准、规范。

(2) 坚持安全、适用、经济、可靠的原则。

(3) 设备选型以技术先进、性能稳定、可靠性高、性能价格比高、能够满足仪表设备精度要求和工艺操作过程为原则。

(4) 提高管道的管理和自动化水平，加强监控手段，采用先进的控制方式，达到国内同类的先进水平。

(5) 在满足安全、工艺操作过程要求的前提下，设备选型尽量统一，以便维护。

(6) 自动化仪表设备及控制系统的选型以技术先进、性能稳定、可靠性高、性能价格比高、能够满足精度要求、能够满足现场环境及工艺条件要求为原则。

(7) 在满足安全、工艺过程要求的前提下，仪表、设备选型要统一，以减少备品、备件的品种和数量，以便维护。

(8) 根据工艺要求和生产装置的规模、流程特点，以及各参数对生产操作的影响等因素，确定测量及控制方式，选用相关的仪表。

(9) 仪表的防爆类型根据国家有关爆炸和火灾危险场所电气装置设计规范的规定，按照仪表安装场所的爆炸危险类别、范围、组别确定。

(10) 储气库自动化系统整体水平与榆林—济南管道工程自动化水平一致，达到有人值守、无人操作的水平。

二、自控水平和特点

文96储气库及配套设施分两级控制：即过程控制系统和安全关断系统。过程控制系统采用国内先进、成熟的SCADA系统，使其达到目前国内同类型工程的先进水平，以实现集中管理、平稳操作、安全生产、强化管理、降低能耗，提高经济效益。安全关断(ESD)系统完全独立于过程控制系统的关断系统。

文96储气库SCADA系统控制室设在综合办公楼一层，SCADA系统是对生产过程进行集中监视、操作、管理和控制的系统。系统的控制功能综合了逻辑控制、程序控制等功能。

三、设计内容

1. 高压注气

文96储气库将榆林—济南天然气管道中的富裕气量注入储气库，在进站、出站管线上设电动关断阀和气液联动紧急关断阀、温度压力检测仪、可燃气体泄漏检测仪和火灾报警仪等，若站内输气管线发生压力超压、气体泄漏、火灾报警等紧急情况时，立刻自动关闭站场关断阀，停止整个站场的生产运行。

榆林—济南天然气管道来气进站设来气计量阀组，计量阀组设三路计量(两用一备)，流量计选用多声道气体超声波流量计量系统，多声道气体超声波流量计为来气和外输双向计量仪表，计量精度为±0.5%，流量计均进行温度、压力补偿，流量、压力、温度信号进流量计算机按计量标准计算、累计归档，该流量信号通过通信接口RS485上传至SCADA系统，通信协议为MODBUS协议。

榆林—济南天然气管道来气压力为5~7MPa，经往复式压缩机增压，压缩机出口压力为25MPa，增压后的天然气经注气阀组注入气库，压缩机进口、出口管线设电动关断阀，注气阀组设电动关断阀、多声道气体超声波流量计。电动关断阀根据注气压力、气体泄漏等因素，立刻自动关闭注气阀组关断阀。

压缩机回流进过滤分离器管线设自力式调压阀，阀前压力为23.5MPa，阀后压力为7.6MPa。

2. 高压采气

高压采气工艺采气阀组设气动高压调节阀，根据采气压力调节，调节后的流量经采气、注气双向流量计计量，计量后的天然气进脱水装置。流量计选用多声道气体超声波流量计。

站内自用气设计量调压撬，调压撬进口压力6.0~7.6MPa，调压撬设一路总计量分三路调压管线，一路调压管线去污水缓冲罐气相平衡，调压阀出口压力0.4MPa。二路调压管线去脱水装置用气管线，调压阀出口压力0.4MPa。三路调压管线去火炬燃烧器管线，调压阀出口压力0.6MPa。

天然气经脱水后外输，在出站计量阀组前设天然气组分分析小屋，气质分析范围：$C_1 \sim C_4$；水露点检测在8MPa工况下<-15.0℃。

计量分离器进口管线设流量计量仪表，计量仪表采用多声道气体超声波流量计，计量分离器出口管线和污水外输缓冲罐流量计量仪表选用电磁流量计。

生产分离器、计量分离器液位检测选用磁翻柱式液位计，就地显示并远传至控制室显示。

计量分离器、污水外输缓冲罐液位报警选用浮球液位控制器。

监测内容如下：

(1) 进站、出站的温度、压力检测。

(2) 用户自用气压力调节采用自力式压力调节阀。

(3) 流量检测采用气体超声波流量计。

(4) 外输管线设分析小屋，小屋配套在线色谱分析仪(包括H_2S)、在线水露点分析。

(5) 可燃气体泄漏报警检测采用催化燃烧式变送器，催化燃烧式变送器设在站场内有可能引起天然气泄漏的检测点，检测天然气泄漏情况并根据泄漏浓度报警。

(6) 火灾检测在综合办公楼设置复合式感温感烟报警器和火灾报警控制盘，在工艺站场设置手动报警按钮。

SCADA系统配置如下：

1）硬件配置

（1）操作员站两个(其中一套兼工程师站)。采用工业级控制计算机，酷睿 TM 2 双核处理器，显卡256MB(独立)，硬盘400G，内存2G，USB 接口/RAM/48X CD-RW/键盘鼠标/高速网卡/声卡/22 寸液晶显示器。

（2）PLC 控制器。包括电源模块、CPU 模块、通信模块、I/O 模块、机架。其中，I/O模块配置按照 I/O 表配置，配置时预留 15%的余量；电源模块、通信模块、CPU 模块、交换机、机架与紧急切断阀和贸易交接有关 I/O 模块冗余配置。

（3）A3 幅面打印机 1 台。

（4）交换机 2 台。

（5）操作台/椅 2 套。

（6）打印台 1 台。

（7）仪表柜 1 面。

2）软件配置

（1）操作系统：Windows 2000/Windows XP。

（2）CPU 编程软件。

（3）工作站组态软件。

（4）应用软件。

（5）SCADA 软件包。

3）I/O 点统计表

I/O 点统计表见表 7-1。

表 7-1 I/O 点统计表

站名	I/O					通信接口	
	AI	AO	PI	DI	DO	RS232	RS485
某站	45	25		18		1	11

4）SCADA 站控系统的功能

控制系统对站内数据进行采集，对可燃气体信号和火灾信号进行报警，对关键阀门进行集中控制。站控系统通过通信通道，可与济南调控中心进行数据通信。

站控系统最少应有以下功能：

（1）数据采集和处理。

（2）显示动态工艺流程。

（3）显示和设置工艺参数和相关参数。

（4）报警显示、通信故障显示。

（5）数据存储及处理。

（6）显示趋势曲线和历史曲线。

（7）可燃气体浓度显示和报警、火灾报警。

（8）阀门和电机连锁控制。

（9）打印报警和时间报表、打印生产报表。

ESD 系统配置如下：

ESD 系统是完全独立于过程控制系统的关断阀。它由输入、控制器和输出三大部分组成。

1）硬件配置

（1）操作员站一个。采用工业级控制计算机，酷睿 TM 2 双核处理器，显卡 256MB(独立)，硬盘 400G，内存 2G，USB 接口/RAM/48X CD-RW/键盘鼠标/高速网卡/声卡/22 寸液晶显示器。

（2）ESD 控制器。包括电源模块、CPU 模块、通信模块、I/O 模块、机架。其中，I/O模块配置按照 I/O 表配置，配置时预留 15%的余量；电源模块、通信模块、CPU 模块、交换机与紧急切断阀有关 I/O 模块冗余配置。

（3）报警打印机 1 台。

（4）交换机 2 台。

（5）操作台/椅 1 套。

（6）打印台 1 台。

（7）仪表柜 1 面。

2）软件配置

（1）操作系统：Windows 2000/Windows XP。

（2）CPU 编程软件。

（3）工作站组态软件。

（4）应用软件。

（5）ESD 软件包。

3）I/O 点统计表

I/O 点统计表见表 7-2。

表 7-2　I/O 点表

站 名	I/O					通信接口	
	AI	AO	PI	DI	DO	RS232	RS485
某站				54	52	1	2

4）ESD 系统的功能

ESD 系统对集注站内所有紧急关断阀自动控制，对可燃气体信号和火灾信号进行报警，对关键阀门进行集中控制。ESD 系统可通过通信通道上传数据。

ESD 系统最少应有以下功能：

（1）数据采集和处理。

（2）显示动态工艺流程。

（3）报警显示、通信故障显示。

（4）数据存储及处理。

（5）可燃气体浓度显示和报警、火灾报警。

（6）阀门和电机连锁控制。

(7) 打印报警和时间报表。

公共部分配置如下：

(1) 消防系统。

消防水罐设液位检测仪表，液位检测仪表采用液位变送器，液位信号上传至 SCADA 系统，消防水罐液位报警采用浮球液位控制器，消防水罐液位上升到 8.75m 时报警，并关闭进水阀门，消防水罐液位下降到 8.20m 时报警，并开启进水阀门，水罐液位继续下降到 0.60m 时停止消防泵。

(2) 火灾报警与可燃气体报警。

可燃气体泄漏报警检测采用催化燃烧式变送器，催化燃烧式变送器设在站场内有可能引起天然气泄漏的检测点，可燃气体报警信号与站场内关断阀联动控制，以保证人身、设备和生产过程的安全。

火灾报警系统主要设在综合办公楼，火灾报警检测采用复合式感烟感温火灾探测器，检测到的火灾信号在火灾报警器上报警，实施灭火措施。工艺装置区等设手动报警按钮，手动报警按钮信号通过总线进综合办公楼控制室火灾报警器上报警。火灾报警系统安装在可燃气体报警控制柜，上传到控制室 SCADA 系统，对可燃气体监测数据集中显示。

(3) 仪表控制电缆采用埋地敷设方式，过公路时穿管保护。

(4) 仪表保护接地屏蔽接地均接入电气专业接地系统。

(5) SCADA 系统由 UPS 提供电源，UPS 电源：220V AC 50Hz，5kV · A，在线 1h。

第三节　建　　筑

一、设计依据

《民用建筑设计通则》(GB 50352—2005)。

其他相关国家规范及标准。

二、设计内容

(1) 综合办公楼：三层。

(2) 新建站场围墙：长 369.8m，高 2.5m。

(3) 新建站场大门两座，7m 宽钢大门，7m 宽电动大门。

三、尺寸要求

图注尺寸以毫米计，标高以米计。建筑物平面位置及相对标高与绝对标高之间关系均见工艺图纸。综合楼为框架结构，建筑面积 1188.6m^2，建筑等级为四级，建筑耐久年限为三级(50 年)。建筑设计规模等级为小型。

四、节能措施

采用保温屋面，外墙外保温及中空玻璃窗。

五、综合楼建筑构造用料做法

(1) 屋面：屋面防水层选用 4 厚 SBS 改性沥青防水卷材。

(2) 地面：卫生间、厨房、仪表间架空防静电地板高 300mm，地板要求负荷重 5kN/m^2；其余房间地砖均选用 600mm×600mm 防滑地砖，颜色由甲方定。

(3) 二层楼面：瓷砖均选用 600mm×600mm 防滑地砖，颜色由甲方定。

(4) 内墙面：卫生间、厨房、其余房间及走廊外刷白色乳胶漆。

(5) 外墙面：淡青色。

(6) 顶棚：纸面石膏板吊顶。

(7) 散水：宽度为 900mm。

(8) 台阶：地砖均选用 600mm×600mm 防滑地砖，颜色由甲方定。

(9) 踢脚：符合相关要求。

(10) 涂料：木门内外均为乳白色，钢构件门内外均为乳白色，走廊栏杆为银灰色。

(11) 窗台板：二层其余房间均设窗台板，长度为窗宽+120mm。

(12) 窗户为 90 系列塑钢窗，卫生间玻璃为 5mm 厚毛玻璃，其余玻璃为 5mm+9mm+5mm 厚中空玻璃。

(13) 玻璃隔断符合相关要求。

六、砖砌围墙

长度 369. 8m，高度 2. 5m，采用 MU10 砖，采用 M5 混合砂浆砌筑。砖砌围墙所设伸缩缝从砖围墙顶面至砌体放大到脚底部，仅围墙压顶中钢筋不断开，缝宽 30mm，缝内嵌填密封膏。

七、新建站场大门

(1) 7m 宽钢大门，高度 1. 8m。

(2) 7m 宽电动大门，高度 1. 5m。

第四节 结 构

一、设计原则和依据

建筑物、构筑物的设计，在满足业主要求的同时，做到安全适用、技术先进、经济合理，满足中国国家规范及有关行业标准的要求。

在建(构)筑物的平面布置、选型和构造处理等方面的设计中，满足工艺生产、安装维修的要求，并保证建(构)筑物满足强度、刚度、变形、耐久性和抗震的要求。选择合理的结构体系，结构体型力求简洁、整齐。

在满足生产使用要求和安全、可靠的原则下，积极采用新结构和新材料。

二、设计基础

基础形式为柱下独立基础。

三、抗震设计

建筑场地类别为Ⅲ类，场地内无液化土层，抗震设防烈度为7度，设计基本地震加速度值为0.15g，设计地震分组为一组，建筑抗震设防类别为丙类。

四、结构安全等级及混凝土结构的环境类别

（1）结构的安全等级为二级，结构的设计使用年限为50年。

（2）地基基础设计等级为丙级，砖墙施工质量控制等级为B级。

（3）环境类别：地面以下及室外构件为二b类环境，卫生间为二a类环境，其余为一类环境。

（4）框架抗震等级为三级。

五、设计荷载

（1）风荷载：基本风压0.45kN/m^2。

（2）地面粗糙度为B类。

（3）雪荷载：基本雪压0.25kN/m^2。

（4）活荷载标准面：不上人物面0.50kN/m^2。

六、材料

（1）混凝土强度等级：

垫层：C10。

钢筋混凝土基础、雨篷、梁、压顶：C30。

圈梁：C25。

基础：C30。

（2）钢筋：Φ-HPB235级、Φ-HRB335级，型钢及钢板均采用Q235号钢。

（3）焊条：HPB235级钢筋和Q235号钢材及HPB235与HPB335、HRB400级钢筋相焊用E43焊条，HRB335及HRB400级钢筋用E50焊条。

（4）砌体：地面以下砌体采用MU10砖、M10水泥砂浆、地面以上砌体采用MU10砖、M5混合砂浆。

七、地基与基础

（1）采用天然地基上的柱下独立基础。

（2）地基承载力特征值暂按$f_{ak}=80$kPa设计。

（3）场地特征周期取0.45s，在7度地震作用下场地无液化和震陷，场地天然土及地下水对混凝土无侵蚀性。

八、屋盖

楼屋盖均采用钢筋混凝土结构。

第五节　供　配　电

一、设计依据和设计范围

1. 设计依据

工艺及其他各专业提供的委托设计资料。

2. 设计范围

包括文96集注站，以及站外供电系统和站内变配电设计(高、低压动力负荷配电及照明设计；爆炸危险区域划分及工艺设备、建(构)筑物等设施的防雷、防静电设计等。

二、工程概况

1. 负荷等级及负荷容量

根据用电负荷特点及对供电要求，按照《石油天然气工程设计防火规范》(GB 50183—2004)第4.4.1条规定，本工程的消防用电设备负荷等级为一级，其他均为三级(表7-3)。

表7-3　负荷统计及计算

用电设备名称	设备功率/kW	用电设备台数/台	设备电压等级/kV	负荷安装容量/kW	负荷运行容量/kW	备　注
压缩机主电机	1550	3	6	4650	4650	
总计			6	4650	4650	
压缩机空冷器风扇电机	45	3	0.38	135	135	
压缩机电机风扇电机	30	3	0.38	90	90	
压缩机冷却水泵电机	11	3	0.38	33	33	
压缩机润滑油泵电机	15	3	0.38	45	45	
压缩机电机加热除湿器	2	3	0.22	6	6	
压缩机润滑油加热器	2	3	0.22	6	6	
三甘醇循环泵电机	30	2	0.38	60	30	1用1备
三甘醇卸车泵电机	11	1	0.38	11	11	
消防水泵电机	45	2	0.38	90	45	1用1备
其他动力、照明			0.38	274	3.3	
总计			0.38	750	675	

本工程用电负荷主要包括工艺设备等专业的动力负荷及相关生活和公共设施的动力及照明负荷，用电负荷电压等级有6kV及380V。站内6kV用电总运行负荷为4650kW。

380V 用电总运行负荷约为 675kW。

2. 系统电源状况

目前，文 96 储气库附近已有建成的金堤 110kV 变电所，其主变安装容量为(31500+20000)kV·A，平均最高运行负荷约 30000kW(系统供电容量能够满足新增负荷用电需要)。该变电所设 110kV 电源进线 2 回，分别引自岳村 220kV 及李拐 110kV 变电站；6kV 侧电气主接线为单母线分段，配出回路 12 回，并预留间隔(但已无备用配出间隔)。

经计算，金堤变电所 6kV 侧最大运行方式时短路电流 $I_d=18.78$kA、短路容量 $S_d=204.92$MV·A；最小运行方式时，短路电流 $I_d=15.2$kA，短路容量 $S_d=165.86$MV·A。

3. 扩建

为满足用电需要，须在金堤变电所 6kV 高压配电室新增高压开关柜 5 台，二次保护采用微机综合自动化系统。

三、供配电系统设计

1. 6kV 压缩机供电电源

通过电缆引自金堤变电所 6kV 高压配电室新上高压开关柜。

2. 站内 0.4kV 负荷供电

根据储气库站内低压用电负荷情况，设 6kV/0.4kV 变配电室一座。变配电室主变安装容量为 2×500kV·A，6kV 高压进线电源通过电缆引自金堤变电所 6kV 高压配电室。其主接线方式采用单母线分段接线，正常情况下，母线分段运行并设母联自投。

3. 主要设备选型

6kV 开关柜：若作压缩机用，为金属封闭铠装式结构，型号为 KGN-10；若作站内变压器用，为 HXGN1-10 型环网柜。

低压开关柜：选用 GGD2 固定式柜，高分断空气断路器。

变压器：干式变压器。

防爆电气设备：隔爆型，ⅡB 级，温度组别为 T3，防护等级 IP55。

4. 计量

站场计量采用高、低压计量方式，计量表安装在金堤变电所 6kV 开关室高压配出柜及站内变配电室进线柜上。

5. 电气设备二次保护

6kV 电动机配出柜：电流速断、低电压、过负荷、单相接地保护。

变压器出线柜保护功能：电流速断、过电流、温度、单相低压侧接地保护。

低压断路器具有过电流保护、过载保护、短路短延时保护、短路瞬时保护、接地故障保护等功能。

6. 操作电源

金堤变电所新上 6kV 高压开关柜，操作电源为 220V DC。

7. 配电方式

高、低压配电设备到各用电设备之间均采用电缆放射式配电，电缆敷设方式采用电缆沟或直埋敷设。

8. 照明

照明电源电压为220V AC。室外照明采用由门卫值班室分区集中控制，所有路灯采用TT系统接地，接地电阻不大于10Ω。

爆炸危险环境下采用隔爆型照明灯具。

各单体的照明负荷由单体内的动力配电箱供电。

9. 线路压降

电缆选择时，按机械强度、载流量、用电设备允许电压偏移校验电缆截面：

各类用电设备端子处允许电压偏移值：

(1) 电动机：正常情况下为-5%~5%。

(2) 照明：

① 一般工作场所为-5%~5%；

② 应急照明和道路照明为-10%~5%。

(3) 电机启动时母线电压不低于系统电压的85%。

10. 无功补偿

在低压配电室0.4kV母线侧集中了自动无功补偿，补偿后的功率因数达0.90以上。

11. 爆炸危险区域的划分

爆炸危险区域划分遵循《爆炸和火灾危险环境电力装置设计规范》(GB 50058—1992)和《石油设施电气装置场所分类》(SY/T 0025—1995)等的规定。天然气为气态爆炸性混合物，属于ⅡB级，温度组别为T3。

根据储气库站内生产、储存等过程中出现释放的频繁程度和持续时间，并考虑通风条件及天然气的危险特性来划分爆炸危险区域。

12. 接地及防雷、防静电

工艺装置区内设共用接地网连接电气工作接地、电气设备保护接地和工艺设备管道的静电接地，每台设备、单体接地系统在满足自身的接地要求后与共用接地网连接，其接地电阻不大于4Ω。

站区内各建筑物和构筑物将根据《建筑防雷设计规范》(GB 50057—1994)(2000年版)设置防雷保护系统。

站内装置区所有金属设备包括分离器、脱水装置、放空管、放空火炬及金属构架等均应可靠接地。

四、节能措施

(1) 采用高效节能电气设备，如节能变压器、带电子镇流器的高效荧光灯或节能灯等。

(2) 提高功率因数，减少线损，在站内变配电室设无功集中补偿。

(3) 采用合理的运行方式，变配电室各母线、各变压器的负荷尽量均匀分配，减少能量损耗。

(4) 室外照明采用自动控制方式，以减少浪费。

第六节 消防及给排水

1. 设计依据

工艺专业、土建专业设计委托资料。

2. 设计范围

(1) 室内外消防设计。

(2) 室内外给排水设计。

(3) 雨水设计。

3. 设计说明

1) 消防

(1) 消防用水量为30L/s，火灾延续供水时间按3h计算，消防总用水量为324m^3，消防储水采用500m^3消防水罐。

消防水泵采用XBD6.2/50G-LS专用消防泵，流量为50L/s，扬程为62m，两台一用一备，消防泵设置回流管线。

(2) 站内设置环状消防给水管网，10个室外消火栓均布在环状管网，并设置阀门将消防管网分成3个独立段，每段内的消火栓数量不超过5个。

(3) 压缩机房设置消防给水，共设置消火栓8个，每个消防立管设置控制阀门。

(4) 灭火器配置：室外推车式及手提式灭火器配置；室内灭火器配置；压缩机房推车式及手提式灭火器配置；综合楼推车式及手提式灭火器配置等的设计。

2) 给排水

(1) 室外给排水：给水水源利用站外给水系统，室外浇洒绿地给水、一体化污水处理装置及室外排水等的设计。

(2) 室内给排水：压缩机房给排水、综合楼给排水等的设计。

3) 雨水

室外雨水系统的设计。

4. 管材选择、连接方法及防腐

(1) 室外给水管线采用HDPE给水管，热熔连接；室外消防管线采用螺纹钢管，除与阀门连接采用法兰连接外，其余均采用电焊连接，埋地部分做石油沥青加强防腐，地上部分采用岩棉管壳保温，保温厚30mm；室内消防管线采用无缝钢管，除与阀门连接采用法兰连接外，其余均采用电焊连接，埋地部分做石油沥青加强防腐，地上部分除锈后刷樟丹和绿色调和漆各两道。

(2) 冷、热水管均用PPR管，热熔连接，用(D_e+外径)表示。PPR管与小口径金属管和卫生器具金属配件采用螺纹连接，使用带铜内丝或外丝嵌件的PPR过渡接头，其余管线按验收规范及标准加设管支架。塑料管与热水器连接口前要有不小于400mm的金属软管。

(3) 排水立管采用建筑排水用U-PVC消音内螺旋管，其余采用硬聚氯乙烯(PVC-U)管，并进行黏接。

排水管线须进行灌水及通球试验，排水管管径以(D_e+外径)表示。排水管和出户管连接应用两只45°弯头。支管与主管连接采用顺水三通或斜三通。采用水封式地漏，其水封高度不得小于50mm。排水管伸缩节安装，主管≤4m设一个伸缩节，横管2~4m设一个伸缩节。

(4) 连接雨水口的雨水管线采用铸铁承插排水管，石棉水泥接口，内、外壁均浸热沥青防腐，其余雨水管线采用钢筋混凝土排水管，水泥砂浆抹带接口。钢筋混凝土排水管下做混凝土条形基础。雨水检查井及雨水口做法参见相关标准。雨水管线出站后，每隔50m设置雨水检查井一座，并采用重型混凝土井盖及盖座。

第七节 采暖通风

1. 工程概况

本工程新建综合楼1座，共3层，一层层高为4.5m，二、三层层高为3.6m，压缩机房1座。

2. 室外计算参数

(1) 夏季空调干球温度：35.5℃；夏季空调日平均干球温度：31℃。

(2) 夏季通风干球温度：32℃；冬季通风干球温度：-2℃。

(3) 冬季采暖干球温度：-7℃。

(4) 室外风速：冬季3.5m/s，夏季3.2m/s。

(5) 大气压力：冬季765mmHg，夏季749mmHg。

3. 室内计算参数

冬季采暖温度：消防泵房为5℃，卫生间为16℃，其他房间为20℃。夏季空调温度均为26℃。

4. 设计、施工说明

(1) 综合办公楼内的办公室、值班室、仪表间、餐厅、资料室、会议室、卫生间及更衣室安装VRV空调系统，该空调系统采用R410A新冷媒，对臭氧层的破坏为0，有利于保护大气环境。同时，先进的变频功能，可节约能源。仪表间安装恒温恒湿空调机，以保证室内的温度及湿度。

(2) 消防泵房安装对流式电暖器。

(3) 压缩机房安装机械通风系统，每小时换气次数为12次。安装防爆风机，共12台，位置及性能符合相关要求。

(4) 恒温恒湿空调机的安装符合相关要求。

(5) 空调系统的施工、验收等均按《通风与空调工程施工质量验收规范》(GB 50243—2002)执行。

第八节 防腐保温

一、设计方案

1. 站场

1) 防腐层及保温

(1) 地面上管线、设备及容器外防腐采用丙烯酸复合涂层，结构为：

① 底漆：环氧富锌底漆，2道，厚度0.1mm。

② 中间漆：环氧云铁中间漆，1道，厚度0.1mm。

③ 面漆：丙烯酸聚氨酯面漆，2道，厚度0.05mm。

④ 总厚度≥0.25mm。

（2）埋地管线采用聚丙烯增强纤维胶带，其结构为一道底漆+一道聚丙烯胶黏带（胶带厚度≥1.0mm，带间搭接宽度占55%），总厚度为2.0mm。

（3）设备及容器（消防水罐、吸收塔、排污罐）内防腐采用如下结构：环氧玻璃鳞片，“二底二面”，总厚度≥0.38mm。

（4）对需要保温的钢质管线及设备采用如下防腐结构：

① 介质温度<100℃：2道环氧富锌底漆（0.01mm）+2道环氧面漆（0.07mm），总厚度≥0.17mm。

② 介质温度>100℃：2道水性硅酸锂富锌涂料，厚度≥0.08mm。

（5）对套管及罐底板外壁防腐采用弹性聚氨酯防腐涂层，2道，总厚度≥0.3mm。

（6）吸收塔的裙座外表面防腐采用如下结构：

① 底漆：环氧富锌底漆，2道，厚度0.1mm。

② 面漆：超薄钢结构防火涂料，4道，厚度3.6mm。

注：外购设备及容器的防腐由制造厂家负责。

2）保温

（1）地面管线：

① 保温层：30mm离心玻璃棉（介质温度<50℃）；50mm离心玻璃棉（介质温度≥170℃）。

② 保护层：0.3mm镀锌铁皮。

（2）埋地管线：

保温层：30mm硬质聚氨酯泡沫塑料。

（3）消防水罐：

① 保温层：60mm离心玻璃棉。

② 保护层：0.5mm镀锌铁皮。

3）站场阴极保护

对站场内的埋地管线及消防水罐罐底板外壁采用牺牲阳极保护，牺牲阳极采用镁合金牺牲阳极（自带填包料），单支重22kg。镁合金牺牲阳极通过测试桩与管道连接。

4）阴极保护站站场

文96集注站为输气干线的阴极保护站站场。站内设阴极保护间1间，配备1台恒电位仪、1组辅助阳极地床、1个汇流点等。

恒电位仪：恒电位仪的技术要求详见其技术规格书。

辅助阳极地床：辅助阳极地床采用深井式阳极地床。阳极材料选用含铬高硅铸铁阳极，其成分及性能应满足下列要求：

（1）含铬高硅铸铁阳极的化学成分应符合表7-4的要求。

（2）高硅铸铁阳极的允许工作电流密度为5~80A/m^2，消耗率小于0.5kg/(A·a)。

表 7-4 含铬高硅铸铁阳极化学成分

化学成分	Si	Mn	C	Cr	P	S	Fe
质量百分数/%	14. 25~15. 25	0. 5~0. 8	0. 8~1. 4	4~5	≤0. 25	≤0. 1	余量

（3）高硅铸铁阳极引出线为 VV-1kV/1×16mm^2。

（4）阳极引出线与阳极的接触电阻应小于 0. 01Ω，拉脱力数值应大于阳极自身质量的 1. 5 倍，阳极接头密封可靠，阳极表面应无明显缺陷。

阳极采用焦炭作为填料，阳极填料应满足下列要求：

① 相对密度大于或等于 1. 90。

② 体积质量（视密度）大于或等于 1041kg/m^3。

③ 填料的粒径范围：约 98%通过 20 目筛，而 80%通不过 100 目筛。

④ 含碳量大于 85%。

绝缘接头：为了防止保护电流的流失，在进、出站处设置绝缘接头。

接地电池：为保护绝缘接头不受高压电涌或强电冲击，在绝缘接头处设置接地电池。

参比电极：本设计在汇流点处埋设参比电极，参比电极选用长效型饱和硫酸铜电极作为参比电极。

测试桩：为了了解和掌握阴极保护系统的工作情况，检测阴极保护的效果，本工程在汇流点处、绝缘接头处设测试桩。

2. 井口管线

1）外防腐层

（1）埋地管线采用聚丙烯增强纤维胶带，其结构为一道底漆+一道聚丙烯胶黏带（胶带厚度≥1. 0mm，带间搭接宽度占 55%），总厚度为 2. 0mm。

（2）对套管外防腐采用弹性聚氨酯防腐涂层，2 道，总厚度≥0. 3mm。

2）阴极保护

（1）阴极保护参数：

① 自然电位：-0. 301~-0. 706V（相对饱和 $Cu/CuSO_4$ 参比电极）。

② 最小保护电位：-0. 85V（相对饱和 $Cu/CuSO_4$ 参比电极）。

③ 最大保护电位：-1. 15V（相对饱和 $Cu/CuSO_4$ 参比电极）。

④ 钢材电阻率：0. 225Ω · mm^2/m。

⑤ 阴极保护电流密度（聚丙烯胶带）：100μA/m^2。

（2）对井口埋地管线及井内套管采用强制电流阴极保护，共 2 套阴极保护设备，3 台恒电位仪（1 备）、2 组辅助阳极地床、2 个汇流点等。辅助阳极地床采用浅埋式阳极地床，每组阳极地库含 8 个含铬高硅铸铁阳极。

（3）为了防止保护电流的流失，在单井管线进站处设置锌合金牺牲阳极。

（4）电缆与管线采用铝热焊焊接，焊后焊点处采用环氧树脂密封，最后缠绕聚丙烯胶带。

二、防腐保温层

1. 材料要求

(1) 准备涂敷的钢管应符合国家现行有关钢管标准或订货条件的规定，并有出厂合格证。防腐厂家应逐根对钢管进行外观检查，外观质量应符合现行有关标准或订货条件的要求，不合格的钢管不能涂敷防腐层。

(2) 防腐层各种原材料均应包装完好，有出厂证明书及质量检验报告、使用说明书、出厂合格证、生产日期、有效期等有关技术资料。

(3) 镁合金牺牲阳极采用标准型，其化学成分及性能应满足标准 GB/T 21448 的要求。

2. 表面预处理

钢材表面预处理应满足标准 GB/T 0407—1997 的要求，除锈等级达到标准 GB/T 8923 中 Sa2. 5 级的要求。

三、涂层质量指标

1. 外观

防腐涂层表面应平整，不得有漏涂、发黏、脱皮、气泡等现象。

2. 厚度

应满足本设计的要求。

3. 漏点

对防腐涂层采用电火花检漏仪进行漏点检查，以无漏点为合格。检漏电压分别如下：①丙烯酸复合涂层：1640V；②环氧玻璃鳞片涂层：2000V；③弹性聚氨酯涂层：1800V；④聚丙烯胶带：11000V；⑤保温涂层(不含水性硅酸锂富锌涂层)：1350V；⑥防火涂层：1500V。

4. 黏结力

丙烯酸复合涂层、弹性聚氨酯涂层、保温涂层及防火涂层：采用“划格法”检查，以脱落面积不大于 15%为合格。

环氧玻璃鳞片涂层采用“V”形口刀挑法，以不大片脱落为合格。

聚丙烯胶带：按 SY/T 0414—1998 标准，剥离强度应大于 28N/cm。

四、卫生、安全和环境

(1) 材料在装卸及运输过程中严禁剧烈碰撞，应防止雨淋、日光曝晒和包装件破坏，运输过程中不得与酸、碱等腐蚀性物品及柴草、纸张等易燃物品混装，并应符合运输部门的有关规定。

(2) 防腐材料应存放在防火、通风、干燥的仓库内，防止日光直射，并隔离火源，远离热源。现场严禁吸烟，场地周围 10m 内不准进行焊接或明火作业。施工所需照明应采用防爆设备。使用空气喷枪时，应将喷枪接地，以免电火花酿成火灾、爆炸事故。不得对金属件随意敲击、摩擦，以免产生火花。

（3）防腐施工现场必须有完善、有效的消防措施。

（4）防腐施工人员应配备防护工作服、防护面具、防护鞋及防护手套等。施工现场还应具备防护品。

（5）防腐涂层涂敷的安全、环境保护应符合《涂装作业安全规程涂装前处理工艺安全及其通风净化》（GB 7692—1999）等国家现行的有关强制性标准。

相关材料的性能指标见表 7-5～表 7-15。

表 7-5 环氧富锌底漆的性能指标

项目		指标	检验标准
漆膜颜色及外观		灰色	GB/T 1729
黏度（涂-4 杯）/s		60～80	GB/T 1723
附着力/级		1	GB/T 1720
冲击强度/kg · cm		50	GB/T 1732
柔韧性/mm		1～2	GB/T 1731
盐雾试验（250h）		无锈蚀	GB/T 1731
干膜锌含量/%		≥80	
固体含量/%		≥65	GB/T 1725
干燥时间（25℃）	表干	≤30min	GB/T 1728
	实干	≤24h	

表 7-6 环氧云铁中间漆的性能指标

项目		指标	检验标准
漆膜颜色及外观		灰色	GB/T 1729
黏度（涂-4 杯）/s		≥100	GB/T 1723
附着力/级		1	GB/T 1720
冲击强度/kg · cm		50	GB/T 1732
柔韧性/mm		1～2	GB/T 1731
干燥时间（25℃）	表干	≤2h	GB/T 1728
	实干	≤24h	

表 7-7 丙烯酸聚氨酯面漆的性能指标

项目	指标	检验标准
漆膜颜色及外观	灰色有光、半光、或无光	GB/T 1729
黏度（涂-4 杯）/s	40～80	GB/T 1723
附着力/级	1～2	GB/T 1720
冲击强度/kg · cm	50	GB/T 1732
柔韧性/mm	1～2	GB/T 1731

续表

项　目		指　标	检验标准
细度/μm		≤20	GB/T 1724
固体含量/%		≥50	GB/T 1725
干燥时间(25℃)	表干	≤2h	GB/T 1728
	实干	≤24h	
耐盐水性(3%盐水96h)		无变化	GB/T 1763
耐紫外线照射(1000h)		无变化	ASTM G53

表7-8　聚丙烯胶带的性能指标

项　目	性能指标	测试方法
基膜材料	聚丙烯网状增强编织纤维	
基膜颜色	黑色	
基膜厚度/mm	0.30±0.05	
防腐胶层组成	丁基橡胶改性沥青	
胶带整体厚度/mm	1.40	
基膜拉伸强度/MPa	≥60	GB/T 1040
对有底漆钢材的剥离强度/(N/cm)	≥45	GB/T 2792
对背材的剥离强度/(N/cm)	≥25	GB/T 2792
绝缘电压/kV	≥15	
体积电阻率/Ω·m	≥1×1012	GB/T 1040
吸水率/%	<0.35	
水蒸气渗透率(24h)/(mg/cm^2)	<0.45	GB/T 1037
耐真菌性	良好	
耐细菌性	良好	
适用温度/℃	-34~75	

表7-9　聚丙烯胶带配套底漆的性能指标

项　目	性能指标	测试方法
颜色	黑色	
固体含量	≥15%	
密度/(g/cm^3)	0.904	GB/T 4472
闪点/℃	30	
表干时间(室温)/min	5	
实干时间(室温)/min	5~10	

表 7-10　环氧玻璃鳞片涂料的性能指标

项　目	指　标	测试方法
漆膜颜色及外观	各色，平整	GB/T 729
黏度/cP	15~30	旋转黏度计测
附着力/(kg/cm^2)	≥35	ISO 4624
耐磨性/(mg/100g·1000r)	≤30	GB/T 1768
使用时间(25℃)/h	3	
熟化时间/min	20	
干燥时间(25℃)/h	表干≤6，实干≤24	GB/T 1728
耐盐雾/h	≥2000	ASTM B117
HCl(15%，室温)浸泡	12 个月	GB/T 1763
NaOH(5%，室温)浸泡	12 个月	GB/T 1763
汽油(室温)浸泡	12 个月	GB/T 1763
NaCl(5%，室温)浸泡	12 个月	GB/T 1763

表 7-11　环氧面漆的性能指标

项　目	指　标	检验标准
颜色及外观	各色	GB/T 1729
黏度(涂-4 杯)/s	≥50	GB/T 1723
干燥时间(25℃)/h	表干 2，实干 24	GB/T 1728
附着力/级	1	GB/T 1720
冲击强度/kg·cm	50	GB/T 1732
柔韧性/mm	1~2	GB/T 1731

表 7-12　水性硅酸锂富锌涂料

项　目		指　标	测试方法
颜色		灰色	目测
黏度(涂-4 杯)/s		≥20	GB/T 1723
固体含量/%		≥80	GB/T 1725
干燥时间	表干/min	≤40	GB/T 1728
	实干/h	≤7	
附着力/级		1 或 2	GB/T 1720
耐冲击/cm		≥50	GB/T 1732
耐水性(常温，10d)		无变化	GB/T 1733
耐热性(450℃，10d)		轻微变色	GB/T 1735

续表

项　目	指　标	测试方法
硬度(6H)	无划痕	GB/T 6739
表面电阻率/Ω	10^5～10^8	GB/T 6906

表 7-13　弹性聚氨酯防腐漆的性能指标

项　目	指　标	测试方法
颜色及外观	黑色、平整光滑	GB 1729—1979
黏度(涂-4 杯)/s	≥90	GB 1723—1979
固体含量/%	85	GB 1725—1979
干燥时间(25℃)/h	表干≤1，实干≤24	GB 1728—1979
柔韧性/mm	1	GB 1731—1979
冲击强度/kg・cm	≥50	GB 1732—1979
漆膜伸长率/%	≥20	GB 1720—1979
耐水性，(浸入沸水中)6h	不起泡不脱落	
耐饱和 NaCl，常温 72h	不起泡不脱落	
耐 10%H_2SO_4，常温 72h	不起泡不脱落	

表 7-14　超薄钢结构防火涂料的性能指标

项　目	性能指标
容器中状态	搅拌后应均匀、无结块
表干时间/h	≤8
初期干燥抗裂性	不出现肉眼可见的裂纹
耐火性能	涂层厚度 1.8～2.2mm，耐火极限≥1.0h
黏结强度/MPa	≥0.2

表 7-15　离心玻璃棉的性能指标

使用密度/(kg/m^3)	使用温度/℃	常温导热系数/[W/(m・K)]	含水率/%
10～96	<400	0.035～0.05	≤7.5

第九节　环 境 保 护

一、站内主要污染物及其控制措施

1. 废气

集注站内所产生的废气主要包括：三甘醇再生加热装置燃烧天然气后的排放物，主要成分为 CO_2 等；超压放空的天然气；事故状态下可能泄漏的少量天然气和三甘醇及在污水中含有的少量被溶解的天然气等。

（1）三甘醇再生加热装置燃烧效率高，其废气排放可达到《大气污染物综合排放标准》的要求。

（2）集注站天然气进站、出站均设置压力自动调节控制装置，以减少天然气放空，在事故状态时有天然气排放系统，远离人口居住区。集注站新建放空管和放空火炬，放空高度均在15m以上，本站所有天然气均为商品天然气，不含H_2S等有害气体，直接排放对环境基本无污染。

（3）事故泄漏的天然气：由于集注站天然气进站、出站均设置压力自动调节控制装置，设计时在集输工艺及材料选择上都有充分的考虑，并且，少量不含H_2S等有害成分的天然气由于其自身的物理性质（快速挥发）所决定，不会对周围的环境造成危害。

（4）事故泄漏的三甘醇：由于三甘醇挥发性小且溶于水，如泄漏可用大量清水进行稀释，并且，由于站内所应用的三甘醇数量很少，且是全密闭循环系统，因此也不会对周围的环境造成危害。

（5）溶解在液体中的天然气，由于本站在设计时全部采用密闭输送至文二联污水处理站进行集中处理，不会对周边环境造成任何伤害。

在本方案中采取的治理措施有：采用合理的输气工艺；选用优质材料；设计时充分考虑抗震；保证正常生产无泄漏。

2. 废水

本工程所产生的废水主要有生活废水及从天然气中脱出的游离水。

（1）控制生活水用量，尽量提高水循环利用率，减少废水排放量。生活废水采用技术先进的一体化污水处理装置处理，并达到《污水综合排放标准》（GB 8978—1996）后，排出站外。

（2）天然气中脱出的游离水通过密闭的管线将其输送至文三污水处理站处理。

3. 噪声

正常生产时，本工程所产生的噪声主要有压缩机运行产生的噪声、各类小型机泵产生的噪声及天然气在管内流动和紧急放空产生的噪声。

（1）压缩机安装在封闭的厂房内，并对其进行专门设计，采取如内墙面均粘挂厚度不小于20mm矿棉吸音板等降低噪声的措施，使其达到《工业企业厂界环境噪声排放标准》（GB 12348—2008）规定的要求。

（2）装置内的机泵选用噪声满足国家有关法规和规范的设备。

（3）天然气在管内流动及紧急放空的噪声：正确选择管道管径，加强操作管理，减少超压放空次数，减少噪声源。

4. 绿化

绿化有助于防止污染、保护环境。在站内按照安全防火要求，在规范允许的地段进行绿化，栽种敏感性强、具有监测性的植物，因地制宜地栽种防污染能力强的、有较好净化空气能力的、适应性强的植物。站内绿化系数不低于10%。

5. 主要环保措施

本工程配套建设的主要环保设施包括密闭集中的放空系统、污水密闭式排放系统、凝液集输管线及压缩机厂房隔噪声等。

二、环境影响分析

1. 环境影响分析

本着“三同时”(同时设计、同时施工、同时投产)的原则，无论是在工艺方案还是在设备的选取上都同时考虑了环境保护，坚持经济效益与环境效益相结合，切实保护环境，造福于民。本项目排放的三废(废水、废气、固体废弃物)很少，且在生产中采取了必要的措施，因此本项目建成后对建设地区不会造成污染。

2. 环保监测

为加强环境管理及环境监测工作，在集注站设1名兼职监测管理人员，定期对噪声、废气、废水进行监测，同时建立环境档案，抓好日常的环境监督管理工作，为保证环境管理和监测工作的日常运行和工作质量，环境管理和监测人员必须经过培训考核，且合格后方可上岗。

1）环保机构职责

(1) 贯彻执行环境保护法规和标准。

(2) 组织制定和修改本单位的环境保护管理规章制度并监督执行。

(3) 制定并组织实施环境保护规划和计划。

(4) 制定和实施本单位的环境监测计划。

(5) 保证环境保护设施的正常运行。

(6) 组织开展本单位的环境保护专业技术培训，提高人员素质水平；组织推行环境保护技术和环境科研的学术交流。

2）监测原则

本装置环境监测工作委托专业的环境监测站监测，检测仪器、设备参照本工程特点和需要配置。

第十节　职业安全卫生

一、总则

本着“全面规划、合理布局、预防为主、安全生产”的原则，采用合理的工艺，选用可靠的设备和材料，采用可靠的施工方法，完善施工队伍管理；并对工程中的有害、危害因素采取有效的控制措施，使该工程安全施工、运行、生产；严格执行国家及地方有关安全卫生的标准、规定和规范。

采用安全、不易泄漏、低噪声的工艺流程和设备，改善工人操作环境和劳动强度。

1. 工程介质有害因素分析

本工程主要处理从榆林—济南管线来的天然气及地下储气库采出的天然气，属于天然气处理装置。主要介质包括天然气、少量采出水及少量处理工程用三甘醇。本工程站场及集注站、井口及阀组、集输管线等的火灾危险性为甲类。

天然气具有易燃、易爆、易扩散性，同时，高浓度的天然气对人体有一定的危害作用。

1）易燃、易爆性

天然气燃点低，具有易燃烧的特性；天然气和空气混合后达到一定比例(5%~15%)时，一遇明火就会发生爆炸，是典型的甲A类易燃、易爆气体。

2）易扩散性

天然气的密度低于空气，泄漏后可随风四处扩散，遇到明火极易引起火灾和爆炸。

3）毒害性

天然气属轻毒物质，人体吸入高浓度的天然气会麻醉神经，使人的神经系统受到伤害，严重的可引起强直性痉挛，使人中毒。

2. 站场的危险、有害因素分析

本工程各类站场工艺操作压力最高可达24.0MPa，且有气量不均的变化，因此存在由于压力波动、疲劳等引起的管材失效(如应力开裂)。

压缩机在生产工程中所产生的振动可以使管线及附件产生疲劳、发生损坏；压缩机运行发出的噪声，会对操作人员产生伤害。

过滤分离器、脱水装置等是本工程除压缩机外的主要工艺设备，当安全阀定压失效时，有可能发生憋压或泄漏事故。

在站场的设备安装过程中会遇到高空作业的问题，如坠落、坠物撞击等。

站场分配阀组、清管、放空、现场仪表控制等，都存在可能引发事故的因素。

3. 管道的危险、有害因素分析

本工程管道以埋地方式敷设，根据冻土厚度情况，管道一般埋深1.3m左右。引发管道事故的主要因素有：

1）管道腐蚀穿孔

管道防腐质量差，管道施工时造成防腐层机械损伤，土壤中含水、盐、碱及地下杂散电流等因素都会造成管道腐蚀，严重的可造成管道穿孔，引发事故。

本输气管道输送的天然气中含有一定量的CO_2。若管道中有水存在或天然气露点控制不当，CO_2可形成碳酸引起管道内壁腐蚀，特别是在管道弯头、低洼积水处、气液交界面，腐蚀更为严重。CO_2腐蚀可导致管壁减薄或形成腐蚀深坑及沟槽，管道容易起爆或穿孔。

2）管道物理应力开裂

本输气管道设计压力高，管道存在较高的应力开裂风险。环境因素、材料因素、拉应力，其单方面或三方面都能导致管道的物理应力开裂。

3）管道材料缺陷或焊口缺陷

管材缺陷可导致管道强度达不到要求而出现裂缝或断裂现象；施工质量不过关，管道接头焊接质量差、焊口未焊透或防腐层被损伤等，可导致管道强度下降或腐蚀加速，不能满足安全运行要求而发生天然气泄漏事故。

4）管道敷设

管道敷设时的危险、有害因素主要有：

(1) 设备故障造成人员伤亡。

(2) 操作失误造成人员伤亡。

(3) 管道现场焊接时触电、灼伤等危险、有害因素，同时存在中毒和中暑等危害。

5) 交通运输

本工程需要大型运输工具将管道运送到敷设地点：一是要占用交通道路，对原公路的交通产生不利影响，存在发生交通事故的危险性；二是会产生汽车尾气和噪声污染。

6) 穿越

管道在穿越施工过程中，可能遇到的危险、有害因素有：

(1) 穿越时存在塌方的危险。

(2) 管道施工过程中对河岸防护功能造成影响，弃土堆放不当造成的破坏。

7) 其他

输气管道上的设备、设施性能差、质量不高也可引发事故。如截断阀性能差、现场控制仪表故障等。

综合以上分析，天然气属于易燃、易爆物质，存在发生火灾、爆炸的风险；天然气长输管道和工艺设备都为带压操作，工程中的大部分设备属于压力容器或压力管道，工艺操作压力较高，因此火灾爆炸是工程的主要危害因素。

管道输送系统的火灾危险类别为甲类。根据《爆炸危险场所等级划分原则》(见“劳动部关于颁发《火灾危险场所安全规定》的通知”附件一)，本工程的站场爆炸危险等级为特别危险场所。

4. 由施工质量缺陷产生的潜在危险、有害因素

(1) 由于施工人员的资质、能力缺陷，工程质量没有达到设计要求，导致工程存在事故隐患。

(2) 材料、设备缺陷导致工程存在事故隐患。

(3) 施工操作(焊接等)存在缺陷导致工程存在事故隐患。

(4) 设备选用不合理造成工程存在事故隐患。

5. 自然环境的危险、有害因素分析

站场及管道周边地段均为平坦、开阔的平原地段。管道沿线的地震、地质和洪水等灾害可能造成管道的位移、变形、弯曲、裸露、断裂等，是自然环境的主要危险、有害因素。

1) 地震灾害

部分管段将穿越地震基本烈度为Ⅶ度的地区，对管道安全有较大的影响。发生强震时，可能产生地裂缝和地面沉陷等地震灾害，对管道安全构成威胁。

2) 地质灾害

管道沿线地质灾害主要为黄河水系的洪水等，对管道安全具有一定的威胁。

6. 管道沿线社会环境的危险、有害因素分析

1) 疾病

管道沿线及站场周边地区不存在地方病，主要为乙型肝炎及感冒、肠道感染等流行疾病，因此受地方环境影响，如果由于饮用水及食物的卫生管理不善而发生地方病或流行

病，会造成非劳动减员，对职工健康的影响较大。

2）第三方破坏

随着人类活动的增多，对管线的第三方破坏因素也随之增多。第三方破坏可分为无意破坏和有意破坏两种。由于盲目施工或缺乏与其他部门的沟通等，施工时可能造成无意破坏；存在不法分子偷盗工程设施或偷盗天然气等有意破坏行为，使管道安全受到严重威胁。目前，管道运营当中第三方破坏已上升为主要破坏因素之一。

7. 职业卫生因素

这里所指的职业卫生，主要是考虑工程运行期间由于工程自身因素对工作人员造成的职业伤害。

1）毒性危害

在处理、输送和利用天然气过程中，操作人员有可能接触天然气。天然气为烃类混合物质，具有低毒性，若长期接触一定浓度的天然气可出现神经衰弱等。

在处理天然气的过程中，操作人员有可能接触乙二醇，人体吸(食)入会引起中毒，量大后会造成人员死亡。

2）噪声危害

噪声的危害主要发生在站场。站场的噪声主要来源为压缩机、压缩机空冷器、放空立管、计量调压系统及清管作业等，其中压缩机、压缩机空冷器和放空立管运行时的噪声比较大。

二、危害防护

1. 总体布局

(1) 长输管道同地面建(构)筑物的最小间距符合规范要求；在人口高等级地区采取增加管道壁厚和直缝焊接方式，提高工程的抗风险等级。

(2) 工艺站场总平面布置利用道路进行功能分区，将生产区与人员休息区分开，人员休息区应建在站场设施的上风侧。

(3) 站场场地平整，道路布置满足消防、运输和检维修的要求。

2. 工艺站场及设备

(1) 设计中严格按照《石油天然气工程设计防火规范》(GB 50183—2004)、《石油化工企业设计防火规范》(GB 50160—1992)(1999 年版)和《建筑设计防火规范》(GB 50016—2006)等的条件确定防火、防爆等级，并按确定的等级采取相应防护措施。

(2) 应按《爆炸和火灾危险环境电力装置设计规范》(GB 50058—1992)的要求选择防爆电器设备，安装防雷、防静电设施；在站场天然气易泄漏处，设可燃气体报警器，且报警信号接到 SCADA 控制系统。

3. 输气管线

1）设计

(1) 设计选用质量可靠的管材和工艺设备，确保带压管道运行安全。

(2) 本工程采用国际先进的 SCADA 控制系统，并设置 ESD 紧急停车系统，一旦管道发生较大泄漏或事故破裂，可自动切断管道输送，以保证管道周边的安全。

(3) 管道穿越不同特殊地段，设计采用不同的敷设方式，保证管道安全。如：管道穿越铁路、公路时加套管保护；管道穿越河流、沟坝等处加大管道埋深等。

(4) 针对管道经过地区进行专项水工保护设计，为保证管道安全运营，防止管道在汛期因受水流冲刷而产生裸管、悬空、褶皱甚至爆裂等现象，加强管道周边地区的水工保护尤为重要。

(5) 本工程建设周期长，选线时期的人口低等级地区在施工或生产运营时可能已发展为高等级地区，管道设计根据具体情况进行调整，并在设计前期与有关部门取得一致意见。

(6) 穿越河流的管道，增设牺牲阳极保护措施，加强管道的保护。

(7) 管线采用外防腐，外加强制电流阴极保护对管道进行腐蚀控制。

(8) 充分考虑管道施工的可操作性，选择有利地形，避开天然及人工障碍物。管线附近修建便于巡线人员和管道检测人员行走的便道。

2) 抗自然灾害

(1) 对地质环境脆弱地段，首先要坚持以避绕为主的原则。当不得以须通过时，先预防治理，再敷设通过。如采取加大壁厚、增加截断阀等措施。

(2) 对于处于高烈度地震区的管道须采取专门抗震措施。

(3) 采用护坡、护岸和疏导径流等水工保护方法，在裸露的管道覆土区进行全面绿化，利用浅根植物覆盖，控制面蚀和潜蚀，减少径流。

(4) 安装雷电防护装置，建立管道雷电防护系统。

3) 预防第三方破坏

(1) 与城市规划部门充分结合，以防止城市面积扩大等危及管道安全。

(2) 根据管道线路走向情况设置管道警示牌，并将各种标志按类编号入档，并根据线路及环境的变化情况及时增减或变更，保持标记清晰。

(3) 管道及其附属设施尽量埋设在地下，管道穿(跨)越等尽量采取地下穿越方式。对于地上的重要设施，应安排人员值守。

(4) 管道建成投产后，管理方应制定严格、细致的巡线制度，加强对管道及其附属设施的安全保卫工作。

4. 职业卫生

(1) 按国家有关规定，设立专门的劳动安全卫生机构和专职、兼职安全卫生管理人员。

(2) 有人值守站场配备必要药品、急救箱，并依托当地医疗机构。

(3) 有人值守站场根据人员情况配备浴室和淋浴设备，女工单设休息室、卫生间和浴室。人员休息场所应建在站场设施的上风向。

(4) 按国家有关规定，为现场作业人员配备必要的工作服、工作鞋、防护镜、口罩、去油污用品等个体劳动防护用品。

(5) 有人值守站场根据人员情况配备防毒面具和可燃气体检漏仪、噪声仪等。

(6) 设计中优先选用低噪声压缩机等动力设备，并采取必要的隔声、消音措施，使工作场所的声压级达到《工业企业噪声控制设计规范》(GBJ 87—1985)和《工业企业设计卫生标准》(GBZ 1—2002)的要求。

(7) 对气体放空设备安装消音器，对压缩机、空冷器等动力设备采取必要的消音设施。

三、职业安全卫生分析

在工程设计中严格执行国家、行业现行的有关标准、规范，在平面布置上充分考虑防火、防爆的要求；积极采用新工艺、新技术、新设备和新材料，做到技术先进、经济合理、安全适用、确保质量；选用先进的工艺及设备，消除或减少有害源；采取报警、联锁、泄放等预防性措施防止危害，严格按设计规范的要求进行设计；在生产区设置可燃气体监测报警系统；对穿(跨)越段和人口稠密地段管线进行特殊处理，加强抗震设计；合理选择输气设备及配套设施；设备材料选型立足安全、经济、可行，提高管线运行的安全性和管理水平，降低运行成本。在物资供应和工程管理上严格控制设备、材料的选型和采购，狠抓施工质量，严格挑选施工队伍，施工单位必须具有丰富的施工经验，且管道施工单位应持有劳动行政部门颁发的压力管道安装许可证，建立质量保证系统，确保工程施工质量合格率达到100%。

通过周密的设计和各种防范措施的建立，工程在运行过程中将各种防范措施和对策落到实处，职业安全和卫生能够得到有效保证。只要在项目的实施中采取必要的安全措施，就可以使生产运行过程中的火灾及爆炸危险降至最低；充分考虑劳动安全卫生的要求，严格执行有关规定，使职工健康不受损害；在生产中严格遵守操作规程，穿戴劳动保护用具；采取隔离措施；消除跑、冒、滴、漏现象，人身中毒事故是可以避免的，从而使职业安全和卫生得到有效保证。

第十一节 节　能

一、概述

国家目前解决能源问题的方针是“节约和开发并举”，把节约放在首位。管道输送企业既是重要的能源输送生产单位，又是能源消耗较大的部门，因此必须认真贯彻国家关于节能的方针，做好节能工作。

采用节能技术，合理利用能源，提高设备及系统的效率，优化系统运行，提高管理水平是本工程节能设计的主要思想。

二、能耗分析

1. 能耗种类分析

本工程能耗主要包括以下几个方面：

(1) 站场的能耗。

(2) 注采井、管道系统发生事故或正常维修时的天然气放空。

(3) 生产、生活用水。

(4) 生产、生活用电。

2. 综合能耗

本工程主要能耗设备为注气压缩机组、风机等。甘醇脱水能耗统计见表7-16。

表7-16 能耗统计表

序号	项目	单位	数量
1	燃料气	$10^4m^3/120d$	12.0
2	电	$10^4kW\cdot h/a$	2692.8
3	水	$10^4t/a$	0.46
4	三甘醇	t/120d	11.513
5	润滑油	t/220d	16.0

三、节能措施

1. 供配电系统设计原则

(1) 合理设计供配电系统，尽量降低供配电系统的电力损耗，提高电能的利用率。

(2) 遵守《中华人民共和国电力法》的有关规定。

(3) 采用技术先进、运行可靠、低损耗的变配电设备。

2. 变压器的选择原则

(1) 按照用电负荷的大小合理选择并保证变压器正常运行情况下的负荷率保持在70%左右，使变压器在经济状态下运行，从而减少变压器的电能损耗，达到节能的目的。

(2) 选用技术先进、运行可靠的低耗能铜芯变压器。

3. 线路导线截面的选择原则

为了保证供电系统安全、可靠、优质、经济地运行，选择导线或电缆截面时必须满足下列条件：

(1) 发热条件。导线和电缆在通过正常最大负荷电流时产生的温度，不应超过其正常运行时的最高允许温度。

(2) 电压损耗条件。导线或电缆在通过正常最大负荷电流时产生的电压损耗，不应超过其正常运行时允许的电压损耗。对于供电范围内较短的高压线路，可不进行电压损耗校验。

(3) 经济电流密度。6kV电缆截面宜按经济电流密度选择，以使线路的年费用支出最小。

(4) 机械强度。导线截面不应小于其最小允许截面。对于电缆，不必校验其机械强度，但须校验其短路热稳定度。对于电缆，还应满足工作电压的要求。

根据设计经验，一般10kV及以下高压线路及低压动力线路通常先按发热条件来选择截面，再校验电压损耗和机械强度。低压照明线路，因其对电压水平要求较高，因此通常先按允许电压损耗进行选择，再校验发热条件和机械强度。

4. 其他

(1) 合理优化工艺流程，充分利用管道天然气剩余压力、地层能量、热量和冷量，采用高效的换冷设备、分离器、塔、机泵等。

(2) 采用高性能的设备和密封良好的阀门等管路连接件，输气干线设线路紧急自动切断阀，可避免和减少管线检修或事故状态时天然气的外泄量。

(3) 采用高效绝热材料进行保温、保冷，减少能量损失。

(4) 合理确定供配电线路导线和电缆截面，降低损耗。

(5) 选用节能型低损耗变压器，合理选择变压器容量，降低损耗。

(6) 选择高效节能型灯具，户外照明采用光电集中控制。

第十二节　安　全

一、主要危险、有害因素分析

本工程主要危险、有害物质为天然气，其主要成分是甲烷(CH_4)，属易燃、易爆、易挥发危险物。根据《石油天然气工程设计防火规范》(GB 50183—2004)，对生产或使用物质的火灾危险性进行分类，甲烷(CH_4)的危险性见表7-17。

表7-17　甲烷(CH_4)的危险性表

物料名称及主要成分		爆炸极限/%	闪点/℃	自燃点/℃	火灾危险类别	备　注
原料气、产品	甲烷(CH_4)	5.0~15	-188	538	甲	

天然气为易燃、易爆气体，不仅容易引起火灾，一旦由于泄漏形成爆炸性混合气体，还会引起爆炸。天然气虽然毒性较小，但高浓度的气体会导致人员窒息。

二、施工期的危险、有害因素

文96集注站建设涉及挖填土方、场地平整、设备管道组焊、设备吊装、高处作业等，可能发生火灾、爆炸、触电、机械伤害、起重伤害、高处坠落、物体打击、灼烫、车辆伤害和中暑(高温引起)等事故，也可能造成噪声、辐射、高气温等伤害。

(1) 在设备管道等运输、搬运、安装、连接过程中，由于不慎或不遵守操作规程，可能发生砸伤、摔伤、挤压等机械伤害事故。

(2) 在焊接过程中，由于操作不当可能发生烫伤、电伤害和弧光刺伤眼睛等伤害，焊缝检验时还可能受到射线伤害。

(3) 长期高温下施工，可能发生中暑。

(4) 在对站场内工艺管道进行X射线检查时，若不小心，可能发生无意伤人事故。

(5) 在场地回填土时，若回填不实，地面沉降不均匀，会造成地面塌陷，甚至造成主要设备、建筑物坍塌事故。

文96集注站施工期间各作业类型及可能的危险、有害因素见表7-18。

表 7-18　文 96 集注站施工期间各作业类型及可能的危险、有害因素

序　号	作业类型	可能的危险、有害因素
1	起吊设备作业	起重伤害
2	动火、动焊作业及碰口作业	火灾或爆炸事故、灼烫
3	设备、管道组装等作业	砸伤、摔伤、挤压等机械伤害
4	水压试验、气密试验	设备、管道超压引起容器(物理)爆炸
5	高处作业	高处坠落
6	设备、材料运输作业	车辆伤害
7	用电作业	触电
8	高温作业	中暑
9	无损射线探伤作业	辐射(X 射线)
10	车辆运输、施工机具产生的噪声	噪声伤害

三、生产运行期危险、有害因素分析

1. 生产试运行

在管道气密性试验时，在升压及憋压过程中，可能发生管道裂隙或破裂。

2. 生产运行期

文 96 集注站工程主要介质为天然气，属于甲类火灾危险物质，均属甲类火灾性危险装置，装置内的大部分区域均属爆炸危险 2 区，局部地区属于防爆 1 区。最主要的危险因素是火灾和爆炸。

(1) 文 96 集注站设备、管线可能因设计、操作不当，以及钢材、制造工艺、安装等因素及第三方破坏的影响，发生天然气泄漏。如果泄漏的天然气遇火，将产生喷射火焰，甚至发生火灾、爆炸事故。引起天然气泄漏的主要原因见表 7-19。

表 7-19　文 96 集注站引发天然气泄漏的主要原因

序　号	类　别	可能引发天然气泄漏的各种原因
1	钢管因素	钢管母材质量不合格
2	焊缝因素	焊缝焊接时严重错边
3		焊缝未焊透
4		未按焊接规程操作
5		焊接材料不合要求
6	腐蚀因素	防腐措施不当，出现外腐蚀穿孔
7		输送气质超标，出现内腐蚀穿孔
8	密封因素	法兰、阀门、盘根、加脂孔等漏气

(2) 文 96 集注站内分离器、汇气管等压力设备、管道因超压引起容器(物理)爆炸；或因法兰密封不严或设备本身缺陷，引发天然气泄漏，可能造成火灾、爆炸事故。

（3）检修后空气置换不彻底，引起火灾或爆炸事故。

（4）文 96 集注站内装置运行时，因气流与调压阀、节流截止放空阀或管线弯头、分离器等设备间的摩擦而产生噪声；压缩机运行及调节阀引起的噪声。长期接触将对职工听力造成一定程度的损伤。

四、其他危险、有害因素分析

1. 机械伤害

机械伤害主要表现为夹击、碰撞、剪切、卷入、绞碾等，本工程机械设备主要是压缩机，其机械伤害主要是电动机转动产生的卷入和绞碾伤害及活塞杆的撞击伤害。

2. 物体打击

指物体在重力或其他外力的作用下产生运动，打击人体造成人身伤亡事故，不包括机械设备、车辆、起重机械、坍塌等引发的物体打击。

高速旋转的动力设备零部件因松动或失效，受外力飞出，有可能对作业人员造成物体打击。

3. 高处坠落

指在高处作业中发生坠落造成的伤亡事故，不包括触电坠落事故。

在维修和作业过程中，存在距工作面 2m 以上高处作业，如设备设施、罩棚、站房房顶等处，当钢平台不完整、操作平台护栏高度和栏杆宽度不符合规范要求、钢爬梯无护栏、通道扶梯高度不足或不完善及操作平台、通道打滑，操作者不慎或失去平衡等有可能发生高处坠落。

维修时搭制的脚手架不符合规范要求及作业人员安全保护措施不完善或违章作业，均有可能发生高处坠落。

4. 振动

振动是指振幅超过正常值而引起固体结构发生疲劳破坏的情况。有振动发生时，不但噪声水平会大大提高，而且设备因振动也会寿命降低，在振动严重的情况下，甚至会造成设备损坏，危及生产和人员的安全。

振动危害有全身振动和局部振动，可导致人体中枢神经等功能紊乱、血压升高，也可导致设备、部件损坏。

压缩机是该工程重要的设备，担负着压缩、输送气体等流动介质的任务，由于流体的不稳定而引起的振动是气体输送系统比较容易发生的问题；压缩机工作异常时，会产生强烈的振动，同时产生强烈的噪声并损坏设备。

5. 触电

本工程配电室内设有变压器，另外还有许多用电设备。如果设计不当、防护措施不到位、电缆老化或操作失误，有可能引起触电事故，另外，站内作业人员如果违章私拉乱设用电设备，也极有可能发生触电事故和火灾爆炸事故。

6. 噪声

噪声能引起职业性噪声聋、耳外伤等，噪声影响人的生理机能，造成神经紧张、失眠、心血管疾病及消化不良等；噪声干扰睡眠和正常交谈，降低工作效率，使人烦躁、易怒，会使操作人员的失误率上升，严重的会导致事故的发生。

工业噪声可以分为机械噪声、空气动力性噪声和电磁噪声三类。

文 96 集注站的变压器等设备在使用过程中会产生电磁噪声；电机的噪声可粗略地分为两大部分：一部分是由机械振动引起的；另一部分则是空气动力性噪声。此外，通风噪声也不容忽视。

另外，还存在站内的压缩机、空压机、往返车辆噪声，以及管道和设备内高速流动的介质产生的流体动力性噪声。

7. 电磁辐射

站内使用电气设备在运行过程中会产生一定的辐射，会对设备及人身造成一定的危害。尤其在进行 X 射线无损探伤时，因防护措施不当引起辐射伤害。

五、自然灾害和社会危害因素分析

自然环境的危险、有害因素识别如下：

1. 地震

强烈的地震可能造成管道、建(构)筑物及设备设施的破坏，严重时可导致天然气的大量泄漏，引发火灾、爆炸等灾害事故发生，并造成人员伤亡。

根据《建筑抗震设计规范》(GB 50011—2001)，濮阳的抗震设防烈度为 7 度，设计基本地震加速度值为 0.1g，发生强烈地震的可能性不大。

2. 气候灾害

对该工程来说，受影响较大的气候灾害有雷电、大风、暴雨、洪水、低温和高温等。

(1) 雷电。雷电是一种大气中的放电现象。产生于积雨云中。根据雷电的危害方式可分为直击雷、感应雷和滚地雷。雷电可以损坏电气设备，引起短路，导致火灾、爆炸事故。此外，高电压电流窜入低压电流，造成触电事故。

(2) 大风。大风可造成厂区内设备损坏，加气棚坍塌、管线断裂，造成天然气泄漏，污染环境。

(3) 暴雨、洪水。当雨量过大时，大量降雨不能及时外排，可能造成设备、设施被水淹，导致设备事故等。

(4) 雪载。雪载可能引起加气棚坍塌。

(5) 高温。该工程所在地当地年极端最高气温达 39.7℃，生产人员长期在高温环境中工作，判断力下降，易出现失误。

(6) 低温。该工程所在地的最低气温达-13.1℃，操作人员如无有效防护，可造成人员冻伤；因地面结冰，可能造成操作人员跌倒摔伤；同时，低温环境时油水管线如果保温措施不完善，有可能冻裂管线、阀门，造成事故。

六、设计中采取的主要防护技术措施

(1) 总平面按功能分区布置，主要有生产区、加气区、停车区、办公区和辅助生产区，并设置了两个出入口。站内设备、建筑物的布置根据工艺要求，尽量相对集中布置，其间距符合现行的规范和标准的要求，同时满足工艺安装和检修需要。

(2) 平面布置中设备尽可能露天布置，防止气体聚集，形成爆炸混合物，避免发生火灾和爆炸。

(3) 站场内设备上设有安全阀及放空阀，以保护设备安全，并可在维修和事故状态下手动放空。

(4) 在站场进口设置紧急截断阀，在事故状态下能快速截断气源。

(5) 站控系统对关键工艺参数、可燃气体和火灾信号进行报警。

(6) 在容易积聚易燃、易爆气体的场所设置可燃气体报警器，在容易发生火灾的场所设置火焰探测系统。

(7) 站内的建(构)筑物设计耐火等级为二级，建筑材料使用非燃烧材料，建筑物的疏散距离、安全出口均符合《建筑设计防火规范》(GB 50016—2006)的有关规定。

(8) 站内设有消防水系统，并配有灭火器及其他移动消防设备。

(9) 爆炸危险区域内的仪表及电器设备选用隔爆型仪表及防爆电器。容器设有防雷、防静电接地装置。电气设备设漏电保护，管线设静电接地。

(10) 站内各爆炸危险区域内采用防爆型照明灯具，其他区域采用普通照明灯具。

(11) 场区设置公用接地网，接地电阻不大于 1Ω，作为防雷、防静电、电气设备等的接地保护；电气设备符合防火、防爆要求。

(12) 对高温设备如脱水系统等设有隔热保温层；对生产中表面温度超过 60℃的不保温设备、管道，在操作人员可能接触到的部位均设置防烫隔层，对距离地面或操作平台高度在 2.1m 以内的设备及管线均设置防烫隔热保护层；在距操作平台水平距离 0.85 m 以内的设备和管线均设置隔热防烫保护设施，可以保护操作人员的安全。

七、施工中的安全对策和措施

(1) 在施工过程中，严格挑选施工队伍，施工单位应具有丰富的施工经验，施工单位应持有劳动行政部门颁发的压力管道安装许可证，建立质量保证体系，确保施工质量。

(2) 从事管线焊接及无损检测的人员，必须按有关规定取得劳动行政部门颁发的特种作业人员资格证书，并要求持证上岗。

(3) 施工单位应具有丰富的应急经验、技术和手段，对复杂情况下施工有多种施工方案。

(4) 严格遵守施工规范，并有严格的施工监理制度，应由有资格的监理单位对施工质量进行监督、检查。

(5) 对工程中所使用的设备及附件应严格进行施工安装前的质量检验，检验合格后方可进行施工安装。

(6) 施工完毕后，应由工程建设主管部门根据规范和其他有关规定，对项目的施工质量进行监督检验。

八、运行管理

(1) 在装置投产及运行前，已建立严格的规章制度和操作规程，操作人员严格按照规定执行。

(2) 工厂内设置专门的安全管理机构，并由专人负责日常安全管理工作。

(3) 加强教育和培训，增强安全意识，提高安全操作技能和事故应急处理能力。

(4) 制定特殊危险事件及突发事件的应急计划，并进行必要的培训演习，保证突发事故情况下的安全。

第十三节 消 防

一、工程火灾危险性分析

天然气管道输送介质(天然气)为易燃、易爆物品，在静电火花、明火火源、雷击、电气火花、机械火花及爆炸事故等诱发下，均有发生火灾的可能，火灾危险性的大小与危险物质的多少及生产性质、操作管理水平、环境状况等有直接关系。

1. 输送介质

天然气管道输送的天然气属易燃、易爆、易挥发危险物。天然气为甲B类火灾危险品，具燃爆性，其主要成分为CH_4，引燃温度为482~632℃，爆炸极限浓度(体积)为4.9%~15.77%，遇明火、高热易引起燃烧爆炸，与氟、氯等能发生剧烈的化学反应。天然气在爆炸范围内与空气混合，遇到火花可能发生爆炸事故，同时，高浓度的天然气对人体也有一定的危害作用。

1) 易燃性

天然气具有容易燃烧的特性。天然气中主要成分为甲烷，属于甲B类火灾危险性物质，其闪点很低，为-190℃，在空气中只要很小的点火能量就会闪光燃烧，而且燃烧速率很快，是燃烧危险性很大的物品。

2) 易爆性

管道系统中或泄漏的天然气和空气混合后达到一定的浓度，一遇到明火就有发生火灾、爆炸的危险。天然气能与空气形成爆炸性混合物，且爆炸下限较低(3.6%~6.5%)，输气管道一旦发生泄漏，短时间内会有大量的天然气泄漏到空气中，在特定条件下，在泄漏源周围有可能形成爆炸性天然气团，遇到火源时将发生爆炸。

3) 易扩散性

天然气的泄漏不仅会影响管道的正常输送，还会污染周围的环境，甚至使人中毒，更为严重的是增加了火灾爆炸的危险。当管道系统密封不严时，天然气极易发生泄漏，并可随风四处扩散，遇到明火极易引起火灾或爆炸。

4) 易产生静电

天然气本身是绝缘的，但它在较高的流速下流经管路，进入容器过程中，有产生静电的特性，静电聚集到一定电位就会发生放电，产生火花，极易引起着火爆炸。

5) 毒害性

天然气属轻毒物质，人体吸入高浓度的天然气可麻痹神经，使人的神经系统受到伤害，严重的可引起强直性痉挛，使人中毒。

2. 生产场所及装置的火灾危险性分析

根据《石油天然气工程设计防火规范》《石油设施电气装置场所分类》的有关规定，本工程可能出现的危险环境为爆炸性气体环境，火灾爆炸危险性为：

(1) 线路截断阀室：甲级生产类别；2 区危险区域。

(2) 站场工艺装置区：甲级生产类别；2 区危险区域。

根据工艺及站场要求，本次设计办公楼采用框架结构，建筑耐火等级为二级。防火和安全疏散均满足《建筑设计防火规范》的要求。

本工程阀室属于有爆炸、火灾危险的厂房，其设计除满足各专业的工艺要求外，还需要考虑防爆和泄爆的问题，按规范要求，本工程阀室设计采用砖混结构，泄爆和通风采用钢栅栏，门窗位置按规范要求已与泄爆口之间留有足够的安全距离。

3. 事故类型分析

1) 管道泄漏

天然气管道的泄漏可能由于以下原因：

(1) 不法分子钻孔盗气。

(2) 管道上方违章施工、洪水、滑坡、地震等第三方破坏。

(3) 管道的内、外腐蚀及施工中焊接、敷设、搬运及护坡等问题。

(4) 管材存在质量缺陷、设计失误，或者运营中违章操作等。

管道泄漏可能会造成管道出现针孔、裂纹、破裂等不同形式的泄漏。

天然气管道一旦发生泄漏，不仅造成输送天然气的损失，还可能引发火灾爆炸，污染环境，危及管道周边附属设施及附近的民用设施，造成严重的经济损失，带来不良的社会影响。

2) 火灾爆炸

站场内工艺装置区及线路截断阀室均为甲类火灾危险区域，分属爆炸危险 2 区，管道输送介质天然气为易燃、易爆性气体。

管道一旦发生泄漏，有可能引起火灾爆炸，危及设备及人身安全。泄漏孔径的大小、泄漏方向、点火延迟时间等因素会导致火灾爆炸形式的不同，有可能会引起垂直喷射火、水平喷射火、闪火等。当系统、压力容器或承压设备处在火灾发生的现场时，系统、压力容器或承压设备内的介质就会受热发生体积膨胀，出现超压现象，这些设备受火灾影响越长，所产生的压力就越高，其危险性就越大。

天然气管道一旦发生火灾爆炸事故，后果往往较为严重，不仅造成人民生命财产的损失，还会带来很严重的社会影响。因此，火灾爆炸事故危险是本工程最为突出的危险因素。

3) 自然灾害

露天工艺设备在雷雨季节，有被雷击的危险，且输送天然气的设备、管道都有产生静电的可能。

洪水、地震等自然灾害有可能引发严重的管道事故，造成泄漏事故的发生。

4) 人为事故

设计施工遗留的缺陷、损伤等任何一种因素都有可能引发严重的事故，造成泄漏事故的发生，继而引发后续事故，造成人员伤亡和财产损失。

违反操作规程造成的操作事故，或由于操作失误使工艺流程切换错误而产生超压，从而出现危险事故。

二、防火安全措施

1. 线路部分

（1）线路走向。根据管道线路走向途经地段的地形、地貌和人文环境的复杂特点，制定不同的线路段的选线原则，在确保管道线路段安全、稳定、可靠的条件下，尽量控制和减少线路工程量，以降低投资。

（2）防腐。采用三层 PE 外防腐和强制电流阴极保护的联合保护方式，确保管线安全。

（3）为了确保管道安全、可靠地运行，本工程管线采用埋地式敷设方式。

（4）对特殊地段的管线进行特殊处理。

（5）管道采用阴极保护与外防腐联合保护。

（6）设置线路截断阀室，防止大量气体泄漏。

（7）设置管道标志桩。

2. 站场部分

1）站场平面

站场场区填土后高出站场周围地坪约 0.5m，填土部分距离围墙外 2m，填高地坪利于场区内排水。

整个输气站分成两大功能区域，即生产区和生活区。生产区与生活区的间距主要是控制综合办公楼与工艺装置区的距离，工艺装置区为甲类危险生产区域，综合办公楼是站内办公和职工生活居住的场所，要充分保证职工健康、安全，符合 HSE 要求，根据《石油天然气工程设计防火规范》的要求，综合办公楼与工艺装置区距离为 30m。

站内道路及回车场均为混凝土路面。

在综合楼与围墙间及站内空地进行绿化。

场区征地线为站场围墙以外周围 2m 为界，站外道路两侧各 5m 范围均属征地范围。放空区围墙外 2m 为征地范围。

放空区布置在站场最小频率风向的上风侧，并选择地势相对较高处布置，放空区距站区围墙的距离根据热辐射安全距离确定，放空区围墙至站区围墙的距离为 110m。

为使输气站场有一个良好、舒适的工作环境，符合 HSE 要求，利用输气站内边角空地进行绿化，生产区绿化采用草皮，生活区绿化采用低矮树种、花卉与草坪相结合的方式，绿化率达 23.2%。

站外道路为沥青路，站内道路及回车场采用混凝土路面，进站道路宽 6m，生产区检修道路宽 4m，回车场宽度不小于 15m，站内设人行道，水泥花砖铺面，宽度 1.2m，工艺装置区采用水泥花砖铺砌。

2）站场流程

本工程在正常生产情况下，一般不会发生火灾，只有在违反规程、操作失误等非正常情况下，才可能由各种因素导致火灾发生。因此，为了防止火灾的发生及减少火灾发生造成的损失，本工程在设计上采取了相应的防范措施，具体如下：

（1）采用密闭良好的设备、管道及附件，有效地防止天然气的泄漏，减少爆炸混合气体聚集的概率，确保在正常工况下，危险物料得到安全控制。

（2）设置紧急切断系统，在一旦发生事故时，将事故段两端的阀门紧急关断，防止两端的天然气大量泄漏。

（3）设置系统超压、检修及事故放散系统。各站均设置放空系统，当管线压力超过设置的安全极限时，安全系统会自动泄压，确保管线、站场安全，并使排出的天然气进入放空火炬，减少对大气的污染；当管线及设备出现事故发生天然气泄漏时，除将事故段两端的阀门紧急关断外，启动事故放散系统，减少易燃、易爆气体的排放量，可以有效地防止或减少事故造成的损失。

（4）天然气的进站、出站温度、压力、流量等参数均设有可靠的检测报警装置，并在控制室及调控中心进行显示，操作管理人员可以及时发现事故隐患并采取相应措施。

（5）在输气管道沿线适当距离设置线路截断阀，本工程输气干线需要设置1座线路截断阀，当输气管道发生事故天然气泄漏时，泄漏点两端的线路截断阀能根据管道压力变化速率，自动判断管道是否泄漏，并迅速关断，使泄漏的气体减少到最低限度。线路截断阀选用进口产品，采用气液联动全焊接球阀，线路截断阀使用寿命超过输气管道的使用寿命，采用全埋地安装，无须检修，阀门维护只在地面进行，且不影响管道正常输气。

3. 自动化仪表及控制

站场可燃气体探测系统由工艺装置区设置的可燃气体浓度探测设备和可燃气体控制柜组成，当现场可燃气体探测设备探测到可燃气体泄漏时，发出信号给可燃气体监控系统，以声、光形式报警，提示操作人员确认，以便及时发现事故隐患并采取相应措施。

4. 供配电

文96集注站用电为一级负荷，采用双回路供电。

工艺装置区按爆炸危险性划分为2区。

变配电设备均设置在非防爆区内，爆炸危险区内的灯具及接线盒、控制箱等均采用隔爆型产品，危险2区的用电设备采用增安型，安全区选用非防爆型。站内全部采用铜芯电缆和绝缘导线，动力电缆埋地敷设。照明配电导线的敷设方式：防爆区内穿钢管明敷，非防爆区内穿阻燃管敷设。

配电间的电源进线处做重复接地，接地电阻不大于10Ω；所有电气设备外壳及电气设备漏电时可能带电的金属体均做接零保护；每一管线及其相关的容器、设备至少做两处防静电接地，两相邻接地点的距离不大于25m，接地电阻不大于10Ω；工艺装置区设防雷接地，接地电阻不大于10Ω。

根据建筑物防雷设计规范的规定，站场建构筑物按三类防雷建筑物进行设计。

5. 建筑与结构

建筑物的耐火等级根据《建筑设计防火规范》(GBJ 16—1987)(2001年版)规定，均按二级考虑。

生产辅助站房房门均外开，利于安全疏散。

在建筑设计中，为了防止或避免不良地质对建(构)筑物的破坏，根据本地区地基的承载力，按相应的规范要求进行设计。

6. 消防设计

消防系统采用消防水灭火。

生产厂区、生活区按《建筑灭火配置设计规范》要求，配置一定数量的灭火器，以备扑灭初起火灾。

由于本工程的输送介质天然气为易燃、易爆物质，存在发生火险的可能，因此，为确保安全生产，应充分重视消防工作，制定相应的管理制度及操作规程并严格执行。一定要把严格的科学管理落到实处，切不可掉以轻心，并自觉接受当地公安消防部门的指导和监督，及时消除隐患，常备不懈。

在工程投产运行后，应加强消防设施的维护和管理，加强员工的学习培训，使消防设施能正常、有效地使用。

在机构设置中设置巡线和检修机构，及时发现、排除事故隐患，以有效地防止或减少事故造成的损失。

三、防火效果分析

在本工程中，工艺主要设备按其本身要求配套设置可燃气体探测器。并且，设置消防水罐和消防泵等多种防火方式，而且设置了符合现行规范、规定的消防设施、装置，防火效果是可信赖的，站场的安全是有保障的。

第十四节　组织机构及定员

一、组织机构

文96地下储气库作为中国石化天然气分公司榆林—济南管道的一项配套工程，隶属于中国石化天然气分公司。

二、企业定员

1. 生产制度及定员

1）生产制度

采用集中控制、站场控制和就地控制三级控制方式，自动化水平较高。考虑到工程的重要性，本工程定员原则为：在人员配备上以高素质、低定员为主，坚持人员精简、后备充足、运转灵活的原则。

生产制度为24h连续运转，生产管理部门实行白班兼班制，连续生产的倒班岗位实行四班三倒运转制。

2）定员

整个工程定员为60人，具体岗位见表7-20。

2. 人员的来源及培训

在人员招聘时，管理人员必须具有丰富的管理经验，操作、维修人员应具备中专以上学历。人员上岗前必须进行严格培训，经考核合格后才能上岗。主要生产管理及操作人员必须进行工艺流程、物料性质、操作条件、本岗位具体工作范围、设备、阀门、紧急事故处理及各项规章制度的学习和培训，并达到熟练掌握的程度。全体人员必须经过严格的安全、消防教育，树立“安全第一”的意识和观念，并进行消防措施使用培训。

表 7-20　文 96 集注站岗位人员表

序　号	岗　位	生产班制	定　员	备　注
1	站长		1	
2	副站长		2	
3	管理人员		5	
4	压缩、脱水岗	四班三倒	9	双岗
5	采气、注气岗兼井口管理	四班三倒	13	双岗
6	调度工		5	
7	仪表计量岗	四班三倒	5	班长 1 人，技术岗
8	配电岗	四班三倒	5	
9	维修班		3	
10	门岗（兼消防岗）		4	
11	输气干线维护、巡线		8	班长 2 人
合计			60	

第十五节　工程维修、抢险

一、概述

本工程管道可以依托中原油田、山东输气管理处这两家具备维（抢）修经验的社会力量实现大型的抢维修。

为确保本工程建成投产后，管线、站场等能正常、安全地生产运行，应对各种突发事件及事故，对管线、站场的维修、抢修等工作是必不可少的。为此，必须设置相应的组织机构形成一定的维修、抢修能力，满足正常生产运行的需要。

二、原则

（1）现代企业的管理水平越高，依赖社会化协作程度也越高，对本工程的维修、抢修设计，应按照这一理念。

（2）管道工程的维修、抢修工作具有很强的专业性，需要组建相应的专业维修、抢修队伍，配备必要的管道维修、抢修设备。

（3）充分利用已建的济南调控中心管道维护公司进行维护、维修。

（4）充分利用定员编制人员完成日常维护、维修工作。

（5）大修及事故抢修依托社会专业公司完成。

三、工作内容

（1）本工程的生产维修任务为：对管线、站场的维护、检修、抢修，以及较小型的易损零部件的更换，也包括简单的电修、仪修、阴保设施的维护等。站场设备维修的主要内容有：压缩机等动力设备的维修；压力容器的维修；管道及管道附件的维修；仪表、电气设备的维修及其他内容的维修。

(2) 对于干线阀门、大型设备及部件的维修，需要专门的技术、工具和设备，则主要依托设备生产厂家或专业维修公司进行维修。站场设备的日常维护、修理由各操作区分段负责。

(3) 编制维修计划，审查外委公司的抢修预案。

(4) 负责维护、维修、抢修人员培训工作，尤其是干线阀门等大型设备及部件的维修人员培训工作，由管道公司统一制定培训计划，采取请进来或走出去的方法。

(5) 负责管子、管件、阀门及小型的易损零部件，也包括简单的电修、仪修、阴保设施的易损配件的采购、保管和发放。

四、抢险设备及组织机构

工程抢险配套设施主要用于输气管道及其站场的事故应急抢险，本工程抢险设备及组织机构可以依靠榆林—济南输气管道工程。

五、编制定员及劳动制度

1. 编制定员

抢修、维修人员编入濮阳输气区人员定额中。

2. 劳动制度

按一天一班考虑，实行 8h 工作制。事故抢修按加班考虑。

第十六节　工程项目实施计划

项目按基本建设程序进行可研编制、初步设计、施工图设计、物资采购、开工建设及项目试运和投产验收。具体项目实施进度见表 7-21。

表 7-21　项目实施进度表

序 号	阶 段	时 间
1	可研编制	2009 年 5 月~2009 年 12 月
2	初步设计	可研审批后 6 个月
3	施工图设计	初设审批后、主要设备订货后 2 个月
4	物资采购	施工图后 1 个月
5	站场安装	设备采购后 1 个月
6	人员培训	与站场安装同步
7	项目试运	
8	投产验收	

第八章 成 果 总 结

第一节 工程设计的难点及先进性

该工程为中国第一座由低渗砂岩枯竭气田建成的储气库，同时作为国内首座 EPC 模式的储气库，前期资料很少，同时储气库利用枯竭的文 96 气藏建设，而国内的储气库以盐穴储气库和凝析气藏储气库为主，在这种情况下，选择适合文 96 储气库的工艺方案成了首要问题，经过综合比较，选择了三甘醇脱水工艺，脱烃采用丙烷制冷脱烃工艺。站场布局合理，有效利用了周边联合站和变电站，节约了投资，同时注气压缩机选择合适，平稳运行，达到了设计要求。

文 96 储气库于 2012 年 9 月 6 日正式注气运行，与国内建成的储气库相比，具有安全可靠、投资较低的特点，顺利通过中国石化天然气分公司的验收。

文 96 储气库工程地面部分主要包括：输气干线；集注站 1 座及注采井注采管网。储气库为枯竭式凝析气藏储气库，位于河南省濮阳市文留镇东南约 6km。注气能力 $200\times10^4m^3/d$，设计压力 25.5MPa，配置 3 台电驱往复压缩机；天然气干线设计压力 8.0MPa，调峰能力 $500\times10^4m^3/d$，天然气脱水采用三甘醇脱水工艺，脱烃采用丙烷制冷脱烃工艺。

设计具有以下特点：

(1) 作为国产化重大科技攻关项目，首次采用国产压缩机，国产压缩机一次开车成功、运行正常，各项参数达到设计要求。

(2) 通过精心设计低渗砂岩储气库地面工艺，流程简洁、可靠实用，站场布局合理，能耗低、安全环保。

(3) 进行储气库有害源分析，优化站控系统，注重职业安全卫生、环境保护，消防设施做到“三同时”，储气库安全性能高。

(4) 按总承包模式进行设计，设计人员全过程参与，在工程建设的过程中不断进行设计优化。

(5) 生产工艺具有创新性和先进性。在调研国内外储气库的基本资料后，也参考了国内大港地下储气库和京 58 储气库，选择性地利用国内储气库的生产工艺，采取密闭集输流程，采出气经过井口一级节流，进站通过调节阀稳定阀后压力至 7.6MPa，经过脱水、脱烃后外输，注气采用不节流增压工艺，通过压缩机增压后注入地下储气库，在垫气初期采用一级压缩注气。

(6) 设计工作难度较大。文 96 地下储气库是中国石化第一座储气库，前期可借鉴资料很少，同时该储气库由枯竭的文 96 气藏建设，而国内的储气库以盐穴储气库和凝析气藏储气库为主，在这种情况下，选择适合中原油田的枯竭气田储气库的工艺方案成了首要问题，经过多方案的技术经济比选，选择成熟的三甘醇脱水+丙烷制冷脱烃工艺。

(7) 站场的布局合理。站场的设置根据目前文 96 气藏周边情况，将文 96 集注站设置在同类站场集中、水电系统工程便利且靠近储气库的文三联南侧，充分利用了金堤变电所的双电源供应，提高了站场的安全级别，并且污水直接接入文三联进行处理，达标外排。

(8) 结合生产，设备选择合理。注气压缩机是地下储气库的最关键核心设备，压缩机工作参数的选择是否合理，关系到储气库的长期运行效率，根据储气库的实际工作状况要求，设计选用了进口压力及排量范围宽的往复式压缩机，考虑储气库周期运行的特点，合理设计分配了压缩机的一级、二级压比，满足进气压力低时二级出口温度不超要求，在进气压力低时一级负载不超过要求。

(9) 安全防护措施到位。根据储气库的运行特点，进行了危险、有害因素分析，对工程介质、站场、管道、施工、自然环境及社会环境分析后，采取了输气管道局部地区增加壁厚和直缝焊接，提高工程的抗风险等级，站内总平面布置利用道路进行功能分区，将生产区和人员休息区分离，合理布局，确保人员安全。

第二节　靶式流量计在文 96 储气库中的应用

文 96 储气库目前在用靶式流量计有 13 台，主要用于各单井管线注采过程中天然气的计量工作。众所周知，储气库达容、扩容过程中各单井开关方案的制定是以地质分析结果作为指导的，而地质分析工作的开展离不开精准的注采气数据的支持，因此，靶式流量计在保证文 96 储气库正常运行中起着极其重要的作用，这就要求我们对靶式流量计有着充分的认识。

1. 针对小流量井开井后无流量显示的处理方法

在开井状态下，文 96 储 6 井靶式流量计瞬时流量一直为零，通过对流量计的检查发现流量计本身并无损坏，经过分析，初步确认为该井瞬时流量过小导致无法计量。为满足生产需要，通过参数设置，将小流量切除门限改为 $1000m^3/h$。可是运行一段时间后，瞬时流量又变为 0。最终发现由于动态特征系数与静态特征系数之间关系倒置所导致。

其中，动态特征系数随着瞬时流量的改变而变化且成正比关系，静态特征系数为一个固定值。当瞬时流量很小时，动态特征系数的值也非常小，如果此时静态特征系数设置很大，将导致动态特征系数小于静态特征系数，通过靶式流量计零点自动校正，输出的瞬时流量即为 0。所以，此时需要人为地将静态特征系数调小。经过处理，目前储 6 井流量可正常显示。

2. 关井后瞬时流量不为零

由于上游来气经过生产分离器、过滤分离器、压缩机后，气质已经非常干净，所以基本排除管道异物卡住靶板等原因，当此种情况发生时，可从以下两方面查找原因：①进入流量零点自动跟踪界面，检查静态特征系数，看其设置值是否过小，当静态特征系数过小时，动态特征系数始终大于静态特征系数，流量计会一直默认管道内有介质流动，最终导致瞬时流量无法归零；②查看靶式流量计主板，看其是否兼容。对部分井的主板进行更换后发现文 96 储 13 井关井后瞬时流量一直不为 0 且瞬时数据无法远传，人为设置虚拟流量进行检验，最终发现主板不兼容，更换老主板后问题得到解决。

3. 针对流量出现负值的处理方法

储2井开井状态时靶式流量计一直显示负值，通过现场分析、查阅历史曲线，确定为储2井稳定试井时为了保证其瞬时流量在4500~5000m^3/h之间频繁开关邻井控制，由压力波动过大所致。在对靶式流量计参数进行检查时，发现零点漂移特别严重。解决方法为在保证注气汇管不超压的情况下，短暂关闭储2井注气汇管旋塞阀，待储2井稳定后，通过静态零点校正及动态零点跟踪，使得靶式流量计零点回归。然后缓慢开启旋塞阀，气流稳定后，储2井瞬时流量可正常显示。

4. 靶式流量计与超声波输差较大的处理方法

储气库投产运行以来，所开单井的靶式流量计的计量数据之和与进站超声波流量计的计量数据之间一直存在较大的输差。在排除仪表本身计量精度的影响之外，问题仍然存在。由于超声波的准确度等级为0.5m^3/h，而靶式流量计为1.5m^3/h，从理论上讲，超声波的计量数据要相对准确一些。以此为据，为了解决输差问题，可以超声波流量计数据作对比，通过修改流量系数，将输差按比例分配到各注采井。

5. 建议及措施

在注(采)气后期，随着地层压力的升高、吸气能力的下降，预计会有一部分单井的流量也相应变小，而靶式流量计在小流量计量时，精度非常低，严重情况下导致无法计量。数据的不准确会影响地质工作的开展，从而影响储气库的正常运行。为此，提出以下两点建议：①在注(采)气时，在能满足地质分析工作需要的前提下，建议将瞬时流量较低的井关闭，只开吸气能力(产气能力)比较高的井，保证靶式流量计的正常运行及准确的数据提供；②建议现场配备一些计量小流量的主板，把瞬时流量比较小并且运行稳定的注采井的主板进行更换，以满足计量需要。

第三节　文96储气库脱水装置运行参数优化

1. 三甘醇循环量计算

三甘醇浓度影响天然气的露点，三甘醇循环量决定着总的被脱除的水量。

三甘醇循环量计算公式如下：

$$G=V(Y-Y')/1000$$

$$V'=\alpha G$$

式中　G——脱出的水量，kg/h；

V——进入吸收塔的天然气量，m^3/h；

Y——进入吸收塔的湿天然气含水汽量，g/m^3；

Y'——离开吸收塔干气的含水汽量，g/m^3；

V'——三甘醇贫液循环量，m^3/h；

α——一般取值为0.025~0.06m^3。

针对文96储气库冬季气量调峰的实际情况，并根据装置实际制作了“脱水装置三甘醇循环量计算程序”，从而使装置的运行符合干气外输露点的要求。

假设脱水后干气的露点要求为-15℃，利用脱水装置三甘醇循环量计算程序，计算出不同处理气量下的三甘醇循环量(处理气量分别对应：$100\times10^4m^3/d$、$200\times10^4m^3/d$、$300\times10^4m^3/d$、$400\times10^4m^3/d$、$500\times10^4m^3/d$)为$0.99m^3$、$1.99m^3$、$3m^3$、$4m^3$、$5m^3$。

2. 三甘醇贫液浓度

通过查阅三甘醇循环量、浓度与露点降关系可以看出：在给定了三甘醇循环率的情况下，贫甘醇的浓度越高，露点降就越大。

1）三甘醇重沸器再生温度

目前，国内外比较通用的温度设置方法是把重沸器的再生温度设置在188~199℃，这样可以将三甘醇的浓度限制在98.2%~98.5%，同时将三甘醇的降解速度减至最低。根据三甘醇浓度与重沸器温度关系得出：当进气温度为25℃，天然气平衡时水的露点温度为-15℃时，需要的三甘醇的质量百分浓度为98%。

2）天然气进入吸收塔的温度、压力

采气时吸收塔的进气温度在20~25℃，符合天然气进塔温度在15~48℃的通用要求。对系统降压到5MPa的情况，及时投用了脱烃出口压力调节阀，确保吸收塔操作压力为6MPa。

3）汽提气

此套装置中设置有汽提柱和汽提气工艺流程。通常情况下，汽提气的流量为15~75L/L(气体/甘醇)。

3. 贫甘醇的温度

目前，通用的设计标准是贫甘醇进塔温度高于天然气进入吸收塔温度10℃，API推荐的标准是10~30℃，且三甘醇进塔温度应不高于60℃。这套装置贫液从换热罐至吸收塔顶进口处只经过了板式换热器一次主要的换热和管线自然降温。通过利用红外测温仪进行测量，当贫液出口温度为78℃时，贫液进塔管线外壁温度为73.8℃。

4. 三甘醇的污染情况

针对脱水装置在运行过程中有可能出现的三甘醇污染情况，首先是加强上游重力分离器、过滤分离器的排污，同时还对两台生产分离器进行了偏流调整。其次是每周对吸收塔塔底分离器及积液箱富液取样进行样品静置检测及pH检测。另外一个污染三甘醇的因素是溶解在三甘醇中的烃类，它会促使三甘醇发泡，降低脱水效果，增加三甘醇的消耗。此套装置中设置了闪蒸罐，其作用是将溶解在三甘醇溶液中的烃类闪蒸出来，降低三甘醇溶液中烃类含量。闪蒸罐的操作参数有闪蒸压力、闪蒸温度、闪蒸罐液位高度设定。

《天然气脱水设计规范》(SY/T 0602)中规定：甘醇闪蒸分离器操作压力为0.27~0.62MPa，结合现场闪蒸罐的最高允许工作压力0.45MPa的实际，将闪蒸罐操作压力设定为0.43MPa。根据公式：

$$V = V'T/60$$

式中 V——闪蒸罐沉降容积，m^3；

V'——三甘醇循环量，m^3/h；

T——甘醇停留时间，min。

可以计算出三甘醇在闪蒸罐中的设置高度。《天然气脱水设计规范》(SY/T 0602)中规定：对于两相分离器，保证液体停留在闪蒸分离器的时间为5~10min。故$T=10$min。由以上结果可将三甘醇沉降高度设置为500mm。

5. 脱水装置脱水效果评价

分别从2013年11月、12月及2014年1月各随机提取了3天的生产数据进行统计。2013年11月17日、21日及28日的水露点分别为：-32.74℃、-33.83℃、-37.39℃；2013年12月3日、10日、26日的水露点分别为：-33.85℃、-36.27℃、-39.27℃；2014年1月1日、2日、4日的水露点分别为：-30.73℃、-35.36℃、-23.92℃。可以看出，此套装置目前的脱水效果满足-15℃的设计要求，参数设置合理。

6. 不足及改进建议

在对脱水装置的参数调整过程中，发现以下对脱水装置有明显影响的问题，并提出了相应的改进建议。

(1) 三甘醇储罐未采用三甘醇保护措施，致使储罐内的三甘醇溶液与空气接触，使部分三甘醇发生氧化，建议由设计单位对三甘醇储罐设计保护装置，减缓三甘醇氧化速度。

(2) 三甘醇贫液进入吸收塔温度过高。由前面可知，三甘醇贫液进塔温度达到了73.8℃，超过了最高允许进塔温度(60℃)的规定。建议由设计单位重新设计对三甘醇贫液在进入吸收塔前进行降温的方案并实施。

(3) 富液精馏柱顶未设置温度测量装置。目前，精馏柱顶的温度无法测量，致使无法及时根据温度变化调整回流量，这对于科学、合理管理脱水装置都是不利的。建议增加温度检测和远传装置。

7. 结论与认识

通过分析天然气进吸收塔温度、重沸器的再生温度、汽提气量、三甘醇的污染情况、三甘醇循环量等对三甘醇脱水装置脱水效果的影响，得出以下结论：

(1) 此套脱水装置达到设计要求。分析并换算出的出站水露点大部分前期均在-39～-30℃。

(2) 当吸收塔进口天然气温度为25℃，脱水后干气露点为-15℃时，需要98%浓度的三甘醇贫液就能达到要求。

(3) 天然气进吸收塔温度控制在40℃以下较为合理。当天然气进吸收塔温度为40℃，脱水后干气露点为-15℃时，需要99%浓度的三甘醇贫液才能满足脱水要求。高浓度的再生三甘醇溶液意味着燃料气消耗量的增多和三甘醇降解速度的加快。

第四节　EPC合同签约时应注意的风险

1. EPC总承包的优点

(1) 有利于合理交叉，缩短建设周期。EPC合同快速跟进模式的最大优点就是可以大大缩短工程从规划、设计到竣工的周期，节约建设投资，减少投资风险，可以比较早地取得收益。一方面整项工程可以提前投产，另一方面减少了由于通货膨胀等不利因素造成的影响。

(2) 有利于设计、采购、施工整体方案优化。在EPC合同模式下，承包商对设计、采购和施工进行总承包，在项目初期和设计时就考虑到采购和施工的影响，避免了设计和采购、施工的矛盾，减少了由于设计错误、疏忽而引起的变更。可以显著减少项目成本，缩短工期。

（3）有利于实现项目目标、有效地对项目全过程进行费用、进度和质量的综合控制。EPC 发展较快的原因是符合市场经济的规律要求，承包方由花别人的钱、办别人的事，转变为花自己的钱、办自己的事，有利于发挥承包方在建设过程中设计的主导作用，向项目管理和设计优化要效益，一般节约投资的 8%~12%，缩短工期 10%~15%。

2. 合同风险类型及防范措施

EPC 合同风险一般分为业主的风险、承包商的风险和不可抗力的风险。通常情况下，业主的风险大致包括政治风险、社会风险、法律风险、经济风险、外界风险等，承包商一般承担工程风险，但是在 EPC 合同模式下外界风险、经济风险一般都要求承包商来承担，只有出现不可抗力风险时，业主才会承担承包商的直接损失。中国石化天然气分公司和中原油田设计院签署的 EPC 合同文本是参照标准工程施工合同进行修改的，结合文 96 储气库建设的特点，又进行较大幅度的修改，以适用该项目管理的需要。文 96 储气库地面建设的特点是双方都是中国石化内部单位，合同采用的是议标形式，双方也都是第一次采用 EPC 这种合同管理模式，没有成熟的经验可供借鉴，所以双方在合同谈判过程中都较为关切各自的利益，充分表达对合同条款的意见，提出自己的方案，合同商谈工作比较复杂，但最终在上级领导和部门的支持下，双方从大局出发，在公平协商的前提下，求同存异，化异为同，较好地达成了共识。

（1）工作范围：主要是规定双方的工作职责、工作界面、权利和义务。工作界面是 EPC 合同总价款测算的依据，工作范围明确有利于双方合理分工，加快工作进度，减少扯皮。工作范围不明确，一方面造成承包商投标报价不准确，另一方面容易造成合同争议，影响工程项目的实施。文 96 储气库在明确了 EPC 方工作范围从工程中交延伸到项目试运投产后，增强 EPC 承包方的责任。确保了项目建设的完整性和连续性，有利于项目通过整体质量验收。

（2）设计方面：设计是控制投资的关键环节。一般也是承包商利用设计优势为自己争取最大利益的地方。甲方在此阶段的风险是如果对详细设计审查不严格，技术线路不熟悉，且对设计阶段存在的问题不能发现。在等到工程开工建设时，再提出修改意见，就会造成工艺变更，增加费用。所以，在审查详细设计环节基础上，充分借鉴中国石油在储气库建设方面的经验，从生产工艺、线路布局、操作流程、安全保护等方面组织专家会审，提出了需要整改的大小问题 30 多项，优化生产工艺布局，简化操作流程。对涉及安全隐患的脱烃装置进行了论证，对重大的工艺流程进行了修改，消除了设计隐患。且在合同条款中也特别注明因设计问题而发生的费用增加和工期延长由 EPC 方承担。

（3）采购与运输：该阶段的主要风险在于物资采购周期的确定，采购周期=订单周期+制造周期+运输周期，但是大家往往忽视了订单周期，结果造成物资到货时间延后，特别是工程建设需要的大型专用设备、进口仪器仪表，都存在着较长的订单周期，这在合同条款中要特别明确，避免出现货物不能及时发运到现场，影响施工进度。在进口物资采购环节，面对人民币升值的情况，也要注意汇率风险，合同中尽可能明确以美元计价，以人民币结算的汇率风险。在运输环节，风险存在于运输方式的安全性、便利性和经济性的统一。在合同中也要特别明确运输方式选择与货物交接的验收程序。

(4) 施工方面：主要的风险是工程质量和工程进度。工程质量的重点是质量的监督检验，特别是隐蔽工程和中间部位的验收。由于隐蔽工程质量问题造成施(返)工和项目寿命缩减的比率占30%以上。在工程质量检验方面，合同条款中要明确质量检验的程序、抽样检验的方法、检验结果的认证等内容。还要求双方和监理方要建立畅通的三方沟通渠道，能够及时对施工中的质量进行检查、检验，对隐蔽工程进行检查验收。

(5) 分包：在总承包项目中必要的分包工程是存在的，为了避免层层转包而造成工程监管不到位、质量低下、事故频发现象，双方在合同中明确了设计、采购、工程中交、试运投产不得分包的要求，在对于施工阶段对分包商的选择上，不仅要求分包商具有相应的资质，还必须征得业主方的审查同意，而且在条款中要严格要求 EPC 方将分包商的管理和考核纳入其日常管理范围，并对分包工作中出现的问题承担责任。

(6) 健康、安全、环境方面：根据新的国家法规要求，承包方在施工中发生的 HSE 事故，特别是人身伤亡事故，发包方也要承担业主管理责任，这种风险不因工程承包而发生改变。但是，可以通过采取措施来降低风险发生的频率和程度。例如，业主通过建立健全 HSE 管理体系，在合同条款中明确将承包方的 HSE 管理体系纳入业主的 HSE 管理体系之中，接受业主的监督与考核，这样通过机制创新和制度约束，加大检查和考核力度，考核促使施工各方遵守 HSE 规章制度，发包方也可以减少这种风险损失。

(7) 竣工试验方面：主要风险是编制竣工试验方案不全面，竣工验收标准和流程不明确，双方的职责不清晰，造成验收结果存在争议，导致不合格工程反复整改，竣工日期滞后。针对这种风险，双方在合同中约定竣工方案编制内容、报批程序、验收结果的确认标准。同时，也要明确验收不合格的处理办法。

(8) 工程接收：工程中交意味着看护权、保管权和控制权的转移，接收日期是一个风险控制点，工程的中交日期应当以最后一项单项工程通过竣工验收的日期和时间为节点，此前的工程项目仍由承包方负责照管。

(9) 工期进度方面：主要的风险是工程进度落后时，需要承包方赶工，这种赶工又分为业主责任造成的赶工和承包方责任造成的赶工。因此，合同中要明确业主责任和承包商责任造成赶工的界限和费用承担规定，避免产生纠纷和索赔现象。

(10) 质量保证方面：双方存在的争议和分歧点在于质量保证期从何时算起，实际操作中有两种观点，一种是从项目竣工验收后开始计算保证期，另一种是项目竣工验收签发质量合格证书后计算保证期。按照中国石化股份公司提出的储气库要保证“注得进、存得住、采得出”的工作要求。结合第一座储气库建设的特点，应当采用后一种观点，确保储气库质量经得起时间的检验。

(11) 变更和合同价款调整方面：变更是甲方(业主)的权利，但是要慎重运用这项权利，通常情况下变更意味着费用追加和工期延长。因此，业主要把握好变更的条件和原因，以避免追加费用和工期，这需要双方在合同条款中加以约定，在变更范围方面：

① 设计方面，在不扩大或缩小初步设计批准的生产线路和规模，不扩大初步设计批准的建筑规模，不改变初步设计批准的使用功能条件下，对配套工程系统的工艺调整、使用功能调整不超过概算金额5%的不属于变更。

② 采购方面，承包方采购的物资达不到质量要求或供应商资质不符合规定。业主可以要求承包方变更物资供应商或组织重新招标采购不属于变更。

③ 施工过程的变更，约定因承包方原因造成的变更，承包方不得要求追加费用。

当然双方也约定由于国家政策法规有新的要求，或重大的工艺调整超过概算费用 5%、扩大(缩小)生产规模、改变设计使用功能，或业主方提出增加的附加试验、改变试验地点，或业主要求 EPC 方增减合同中约定的备品备件、专用工具、竣工后试验物资的采购数量，发包方应当给予承包方变更费用及施工周期调整。在变更程序方面，要严格执行变更程序，并以书面的资料为准，在变更价款的确定方面，要执行合同签订时的定额或结算价格。同样，当一项变更会使投资减少、工期缩短的情况下，也可要求对该项变更提出利益分享权利。

参考文献

[1] 丁国生，李春，王皆明，等. 中国地下储气库现状及技术发展方向 [J]. 天然气工业，2015，35(11)：107-112.

[2] 周志斌. 中国天然气战略储备研究 [M]. 北京：科学出版社，2015.

[3] 贾承造，赵文智，邹才能，等. 岩性地层油气藏地质理论与勘探技术[M]. 北京：石油工业出版社，2008.

[4] 徐国盛，李仲东，罗小平，等. 石油与天然气地质学[M]. 北京：地质出版社，2012.

[5] 蒋有录，查明. 石油天然气地质与勘探[M]. 北京：石油工业出版社，2006.

[6] 周靖康，郭康良，王静. 文 23 气田转型储气库的地质条件可行性研究[J]. 石化技术，2018，25(5)：175.

[7] 胥洪成，王皆明，屈平，等. 复杂地质条件气藏储气库库容参数的预测方法[J]. 天然气工业，2015. 1：103-108.

[8] 李继志. 石油钻采机械概论[M]. 东营：石油大学出版社，2011.

[9] 孙庆群. 石油生产及钻采机械概论[M]. 北京：中国石化出版社，2011.

[10] 刘延平. 钻采工艺技术与实践[M]. 北京：中国石化出版社，2016.

[11] 金根泰，李国韬. 油气藏型地下储气库钻采工艺技术[M]. 北京：石油工业出版社，2015.

[12] 袁光杰，杨长来，王斌，等. 国内地下储气库钻完井技术现状分析 [J]. 天然气工业，2013，11(2)：61-64.

[13] 林勇，袁光杰，陆红军，等. 岩性气藏储气库注采水平井钻完井技术 [M]. 北京：石油工业出版社，2017.

[14] 李建中，徐定宇，李春. 利用枯竭油气藏建设地下储气库工程的配套技术 [J]. 天然气工业，2009，29(9)：97-99，143-144.

[15] 赵金洲，张桂林. 钻井工程技术手册 [M]. 北京：中国石化出版社，2005.

[16] 赵春林，温庆和，宋桂华. 枯竭气藏新钻储气库注采井完井工艺 [J]. 天然气工业，2003，23(2)：93-95.

[17] 丁国生，王皆明，郑得文. 含水层地下储气库 [M]. 北京：石油工业出版社，2014.

[18] 许明标，刘卫红，文守成. 现代储层保护技术 [M]. 武汉：中国地质大学出版社，2016.

[19] 张平，刘世强，张晓辉. 储气库区废弃井封井工艺技术[J]. 天然气工业，2005，25(12)：111-114.

[20] 丁国生，王皆明，郑得文. 含水层地下储气库 [M]. 北京：石油工业出版社，2014.

参考文献

[illegible]